U0454636

室内装饰材料
与施工实践

杨元高　李红松　彭　敏　主　编

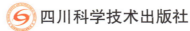

四川科学技术出版社

图书在版编目（CIP）数据

室内装饰材料与施工实践 / 杨元高, 李红松, 彭敏

主编. —— 成都：四川科学技术出版社, 2024.6.

ISBN 978-7-5727-1408-5

Ⅰ. TU56；TU767

中国国家版本馆CIP数据核字第202486R2Z6号

室内装饰材料与施工实践

SHINEI ZHUANGSHI CAILIAO YU SHIGONG SHIJIAN

主　　编　杨元高　李红松　彭　敏

出 品 人　程佳月
责任编辑　潘　甜
策划编辑　鄢孟君
封面设计　寒　露
责任出版　欧晓春
出版发行　四川科学技术出版社
　　　　　成都市锦江区三色路238号　邮政编码 610023
　　　　　官方微博 http://weibo.com/sckjcbs
　　　　　官方微信公众号 sckjcbs
　　　　　传真 028-86361756
成品尺寸　185 mm × 260 mm
印　　张　12.5
字　　数　250千
印　　刷　三河市华晨印务有限公司
版　　次　2024年7月第1版
印　　次　2024年7月第1次印刷
定　　价　88.00元

ISBN 978-7-5727-1408-5

邮　　购：成都市锦江区三色路238号新华之星A座25层　邮政编码：610023
电　　话：028-86361770

■ 版权所有　翻印必究 ■

编委会

主　编：杨元高　李红松　彭　敏

副主编：张　婧　邹　凯

前　言

　　室内装饰材料与施工实践是讲述装饰材料性能及其施工工艺的一门课程。学习本课程的目的是在了解室内装饰工程项目中常用装饰材料的性能、规格及特点的同时，重点掌握对装饰材料的设计与运用、装饰工程施工技术、施工质量管理及工程施工质量验收。了解室内装饰工程项目施工流程，同时结合专业课程的学习，让学生在理解理论知识的同时贴近工程施工实践，为后续专业课程的学习，如在方案设计、绘制施工图纸和工程实操方面提供合理的建议和必要的指导。

　　本书针对艺术设计相关专业学生，立足教学，按照装饰工程项目施工流程进行编排，系统地介绍了常用的装饰材料、施工步骤及施工工艺，并配有优秀设计作品及大量图例，内容由浅入深，循序渐进，通俗易懂，图文并茂。

　　本书由湖南涉外经济学院的杨元高、李红松、彭敏担任主编，由张婧、邹凯担任副主编，编写团队均具有丰富的教学和实践经验，他们深入研究了相关文献和案例，结合自己的教学和实践经验，为学生提供了全面、准确、实用的信息。同时，感谢校企合作单位东莞市亚欧装饰设计工程有限公司、广东佳鸿饰界装饰设计工程有限公司、湖南金空间装饰工程有限公司为本教材的编写提供技术指导和工程施工实景图片。

　　本书既可以作为高等院校环境设计、建筑装饰设计等专业的教材，也可以供室内装饰设计人员、装饰工程管理人员和施工技术人员查阅参考，同时对进行住宅装饰的消费者也具有很好的参考价值和指导意义。由于编写时间仓促及编者水平有限，书中难免有不足和疏漏之处，希望能够得到广大读者的反馈和建议，以便我们不断改进和完善。

编者

2023 年 12 月

目　录

1 绪论

装饰材料与施工是环境设计专业的核心基础课程，涉及知识繁多，施工技术复杂，还涉及材料学、工艺学、结构学、美学、管理学等多个领域的技术与知识，它伴随着材料工业、化工工业、轻工业及建筑设计等行业的发展而不断发展。

　　本书按照室内装饰工程常见的施工工序，结合装饰材料的分类、特点及搭配组织编写，以整个室内装饰施工工序安排为主线，学习各环节材料的使用和施工工艺，有效避免了按施工部位编排学习内容时所产生的重复现象，让学生更加清晰、有针对性地了解和理解整个施工程序及施工工艺。

1.1　我国装饰行业的发展

　　近几年，我国建筑装饰行业发展的脚步愈发稳健。中国举办了多次重大主场外交活动，人们在关注与会国家之间的沟通交流、友好互动之余，各大会场及建筑艺术空间也成为人们关注的焦点。

　　改革开放推开了一扇中国与世界交往的大门，中国工程建设者试图通过融合了文化、历史、人文等多样化中国元素的古典中式建筑让世界更深入了解中国，这也更加鼓舞了勇立时代潮头的奋斗者"走出去""引进来"，让先进理念与技术引导并重塑行业。

1.1.1 我国装饰行业发展的时间点

　　（1）起步阶段：在 1978 年以前，我国的装饰行业尚处于起步阶段，主要以手工艺为主，装饰品以传统手工雕刻为主，行业发展较为缓慢。

　　（2）探索阶段：1978 年至 20 世纪 90 年代初，随着经济的快速发展，人们对装饰的需求不断增加，装饰行业开始逐步探索工业化的生产方式，出现了各种形式的装修公司和生产装饰材料的企业。

（3）快速发展阶段：20 世纪 90 年代至 21 世纪初，随着房地产市场的发展和人们对家居装饰要求的提高，装饰行业进入了快速发展阶段。各种大型装饰公司、设计院、材料企业纷纷涌现，行业竞争加剧。

（4）整合阶段：21 世纪初至 2010 年，随着市场竞争的加剧，装饰行业开始出现整合趋势，一些小型企业被淘汰，大型企业通过并购、重组等方式扩大规模。同时，互联网技术的广泛应用也推动了装饰行业的变革。

（5）转型升级和创新发展阶段：2010 年至今，随着消费升级和人们对家居装饰要求的提高，装饰行业开始注重品牌建设、设计创新、绿色环保等方面的发展。同时，互联网、人工智能等新技术也在逐步改变装饰行业的传统发展模式。

1.1.2 我国建筑装饰行业发展历程

1. 第一阶段：由建筑业的细小分支逐步转为独立市场

20 世纪 80 年代以前，建筑装饰只是建筑业的一个细小分支，在行业初始发展阶段，还没有现成的施工操作指导及成熟完整的行业规范。当时的很多工程只是依据有关图片资料，就有机会承揽到工程，真正意义上的装饰设计无从谈起。20 世纪 80 年代后期，我国建筑装饰设计行业有了较快的发展，但我国设计师当时普遍水准较低。从 20 世纪 90 年代初期开始，大体量、高水准的建设工程日益增多，人们对工程是否具有文化属性和艺术属性的诉求越来越高，建筑装饰设计也随之受到重视。

随着人们物质文化生活水平的提高，人们对建筑物的需求从传统的居住和使用功能开始向外观与内在环境质量并重的需求转变，建筑装饰的需求得以迅速释放，逐步形成了一个庞大的消费市场。

2. 第二阶段：以基础家装模式为典型代表

20 世纪 90 年代中期到 2000 年前后，代表性家装模式是基础家装。这一时期整个行业市场的发展尚不成熟，从业标准也不规范，家装业务基本被"装修游击队"所占领。专业的住宅装饰公司于 1995 年前后开始在深圳、北京、上海、广州等城市出现，其运作更规范，拥有较高的设计和施工水平。这一阶段住宅装饰的服务内容局限在施工和简单的设计上。

3. 第三阶段：以集合家居模式为典型代表

2000 年至 2005 年，代表性家装模式是集合家居。2000 年，我国建筑装饰工程产值突破了 3 000 亿元，占当年我国 GDP 8.9 万亿元的 3.37%。2000 年建筑装饰工程产值中，家庭装饰达 1 500 亿元。改革开放 20 年来最流行的 50 个词，其一为"装饰装修"，这是 1999 年一家电视台公布的一项民意调查的结论，家装逐步成为我国与旅游、教育相提并论的新的消费热点之一。

随着人们对住宅装饰的个性化需求越来越高，专业住宅装饰企业也出现分化，一些公司开始尝试整合建材行业等相关上游行业资源，逐渐拉开与其他专业住宅装饰公司的距离，成为龙头企业，但这一时期的住宅装饰公司仍不能为消费者提供"一条龙"服务，装修环节之间存在脱节的情况。

4. 第四阶段：以一体化服务模式为典型代表

2005 年至 2012 年前后，代表性家装模式是一体化服务。这个时期的特点是行业内的龙头企业深化一体化经营模式，开始为客户提供全方位的家居服务，如开设自己的材料配送中心，对材料实行集中采购和统一配送；开设自己的建材卖场，集成品牌建材商为客户提供主材选购服务；强调在统一设计风格的前提下完成生活方式规划、工程施工、家具配置、软装陈设、艺术装饰等项目，做完整的家庭装饰"交钥匙工程"。虽然行业内领先企业的具体做法各有不同，但从整体来看，都表现为家装的一体化、集成化。

根据《2012 年度中国建筑装饰百强企业发展报告》，2012 年末该行业共有建筑装饰企业 14.50 万家，市场竞争激烈，集中度偏低，呈现"大行业，小企业"的局面。我国建筑装饰市场日益成熟，建筑装饰企业的品牌效应越来越明显，品牌的作用越来越重要。2012 年我国公共建筑装饰行业总产值达 1.19 万亿元，2005 年至 2012 年年均复合增长率达 11.66%；住宅装饰行业总产值达 1.22 万亿元，2005 年至 2012 年年均复合增长率达到 10.94%，表现出强劲的发展态势。其中，行业内知名度高的企业，发展速度远超行业平均水平，行业的集中度进一步提高。2012 年，我国建筑装饰行业百强企业的平均产值为 15.45 亿元，百强企业产值总和占行业总产值的 8.69%，呈现出集中度逐年提高的发展态势。

5. 第五阶段：转型升级提速，抢占海外市场

2012 年后到现在，建筑装饰行业的总产值增速有所放缓，以上市公司为代表的大型企业出现了业绩分化。与之相伴的是，越来越多的企业谋求转型升级，或延伸布局产业链上下游，进军互联网家装、智能家居等领域，或投资教育、金融、医疗健康等领域，走多元化发展之路。部分企业还抢抓发展政府和社会资本合作（PPP）业务，探索其他市场机遇，寻找新的业绩增长点。

1.2　现代装饰材料的发展

装饰材料的发展具有历史性，涉及从简单到复杂的材料和技术的发展。以下是装饰材料发展的主要阶段和趋势：19 世纪以前，装饰材料主要来自大自然，如石头、木材、石膏等。这些材料因其天然的纹理和质感，成了主要的装饰材料。此外，陶瓷和玻璃制品也用于制作装饰品和器具。19 世纪末至 20 世纪中期，随着工业革命的推进，人们开始大规模生产装饰材料，并逐渐转向制造人造材料。例如，石膏板、水泥、瓷砖等工业化生产的材料开始广泛应用。同时，塑料等新材料的出现也为装饰材料的发展带来了新的可能性。20 世纪中期以后，现代装饰材料的发展主要表现在新材料的使用和技术的进步上。首先，一些新型的合成材料，如玻璃纤维、聚酯、聚氯乙烯（PVC）等被广泛应用，它们使装饰材料有了更丰富的色彩和质感。其次，一些新的工艺技术，如喷涂、浇铸、真空成型等也使得生产效率大大提高。近年来，随着人们环保意识的提高，人们开始关注装饰材料的环保性能，如一些低甲醛的人造材料开始出现，还出现了一些生物降解材料和零甲醛板材等。此外，一些天然的装饰材料，如竹材、草藤等也开始受到关注。

在改革开放初期，我国装饰材料行业逐步得到发展，并自主研发了一些装饰材料，但因当时的生产水平及科研水平的局限，所生产的装饰产品种类单一，色彩单调。直到 20 世纪 90 年代中期，我国建筑行业才得到快速发展，大量的先进技术和设备被引进，推动了我国建筑行业在研发、生产及技术上的快速发展。到 21 世纪初期，我国建筑装饰行业生产能力快速提高，生产品种初具规模。到目

前为止，我国建筑装饰行业的发展已与世界先进国家的生产技术水平接近，比如我国的墙纸、墙布及涂料的质量和年生产量已经走在前列，我国的建筑装饰材料行业已经形成了一个完善的工业生产体系。

按照国内目前市场上装饰材料的品种和特点，装饰材料可大致分为两大类：一类是室外装饰材料，另一类是室内装饰材料。室内装饰材料又分为实材、板材、片材、型材、线材5大类型。实材是指原材，是指原木及原木制成的装饰材料。

建筑装饰材料在人们生活水平及生产技术不断提高的推动下，其在品种、规格及花色等方面得到快速发展，而且近些年也逐步朝着以下几个方面快速发展。

1.2.1 向重量轻、强度高发展

由于建筑行业的快速发展，装饰材料正在向重量轻、强度高、环保、耐用等方向发展，大大促进了新型材料的出现。首先，重量轻的装饰材料越来越受欢迎。传统的装饰材料如石膏板、瓷砖等重量较重，搬运和安装都相对困难。而现在，人们更倾向于使用重量轻的材料，如铝塑板、玻璃纤维等，这些材料不仅重量轻，而且易于安装和搬运。其次，强度高的装饰材料也是目前市场上的热门选择。强度高的材料不仅可以承受更高的负荷，而且可以减少使用更多的材料，从而降低成本。目前市场上比较流行的强度高的装饰材料有碳纤维、金属板等。

在装饰材料这一板块，如铝合金这样轻质且高强度的材料被广泛应用，其在工艺上采用中空、夹层、蜂窝状等形式制造各类装饰材料，如铝板柜体材料、蜂窝铝材料（如图1-1）等。此外，采用高强度纤维或聚合物与普通材料复合，也是提高装饰材料强度而降低其重量的方法（如图1-2）。

图 1-1　木纹蜂窝铝材料

图 1-2　埃特板外墙高密度板

1.2.2 向多功能性材料发展

　　为了满足消费者的多样化需求，装饰材料行业不断创新，推出了越来越多的多功能装饰材料。这些多功能装饰材料不仅可以满足人们的审美需求，还可以为人们的生活带来很多的便利。例如，一些多功能墙纸不仅具有美观的花纹和颜色，还可以调节室内温度、吸收噪声和空气中的有害物质。此外，一些多功能地板也具有吸音、防滑、抗菌等功能，能够满足不同消费者的需求。

　　近些年发展极快的镀膜玻璃、中空玻璃、夹层玻璃、热反射玻璃，不仅能调节室内光线，也有助于调节室内的空气。各种发泡型、泡沫型吸声板乃至吸声涂料，不仅可以装饰室内，还可以降低噪声（如图1-3）。矿棉吸声板材料逐步替代软质吸声装饰纤维板吊顶材料。同时，提高防火性能也成为现代建筑空间装饰装修中的要求之一。还有常见的装饰壁纸材料，不断增加了抗静电、防污染、防虫蛀、防臭、隔热等不同功能，以满足人们的需求。

图1-3　泡沫铝吸音板

1.2.3 向高精度、大规格发展

随着生活水平的提高，人们对装饰材料的要求也越来越高，高精度、大规格的装饰材料越来越受市场的欢迎。这些材料不仅具有美观的外观，而且具有更好的性能和更长的使用寿命，能够满足人们对高品质生活的追求。

目前市场上已经出现了许多高精度、大规格的装饰材料，如大理石、花岗岩、瓷砖、玻璃等。这些材料不仅尺寸大，而且精度高，表面平整度、光泽度、色彩均匀性等方面都达到了非常高的水平。同时，这些材料的使用范围也更加广泛，不仅可以用于家庭装修，也可以用于商业和公共场所的装修。高精度、大规格的装饰材料不仅具有更好的装饰效果（如图1-4），同时也具有更强的实用性。由于尺寸较大，这些材料可以更好地适应各种大小和形状的空间，从而更好地满足人们的需求。同时，这些材料的使用寿命也更长，可以更好地抵抗各种环境因素的影响，长期保持美观，耐用。在材料规格上，比如墙地面瓷砖，原来以

100 mm×100 mm、300 mm×300 mm、600 mm×600 mm、800 mm×800 mm 的 尺寸规格为主，现在市面上不仅有 600 mm×1 200 mm、750 mm×1 500 mm、900 mm×1 800 mm 的，还有 1 200 mm×2 400 mm 的，尺寸精度为 ±0.2%，直角度为 ±0.1%。大尺寸材料的出现，大大满足了人们的审美要求，但给安全施工带来了前所未有的挑战。

图 1-4　墙面、地面大砖使用效果

1.2.4 向绿色环保发展

过去，装饰材料往往只关注美观和耐用性，而忽视了其对环境的影响。随着人们环保意识的提高，现代装饰设计和装饰材料行业也发生了深刻的变化，突出"以人为本"的宗旨，一切以满足人们物质需求和精神需求为出发点，在材料的生产与使用过程中，尽量减少对环境的影响，使用可再生资源，降低能耗，减少污染物的排放。目前，市场上绿色环保装饰材料种类繁多，包括生态木质材料、可再生材料、生物质材料、纳米材料等。这些材料在生产过程中具有环保、节能、低碳等优点，符合现代人对家居装饰的要求。绿色环保型材料具有以下特点。

（1）无毒无害。绿色环保装饰材料最大的特点就是无毒无害。它们通常采用天然植物纤维、矿物质等材料制成，不含有害化学物质，不会对人体和环境造成危害。此外，一些绿色环保装饰材料还具有抗菌等功能，进一步保障了人们的安全。

（2）节能减排。绿色环保装饰材料具有节能减排的特点。在生产过程中，绿色环保装饰材料通常采用低能耗的生产工艺，可以减少能源的浪费。在使用过程中，绿色环保装饰材料不仅可以满足建筑物的采暖和制冷需求，还可以吸收噪声、光线等，提高居住环境的舒适度，减少环境污染。

（3）循环再生。绿色环保装饰材料具有循环再生的特点。一些绿色环保装饰材料，如竹质地板、纸浆壁纸等，可以通过回收和再利用，实现资源的可持续利用。这不仅可以减少对自然资源的依赖，还可以降低生产成本，提高经济效益。

（4）生态友好。绿色环保装饰材料具有对生态环境友好的特点。绿色环保装饰材料在生产过程中不会破坏生态环境，使用后也不会产生大量的建筑垃圾。此外，一些绿色环保装饰材料还可以促进生态恢复，如一些植物纤维制品在废弃后可以作为有机肥料，促进土壤恢复肥力。

（5）美学价值。绿色环保装饰材料不仅具有环保特性，还具有美学价值。它们通常具有自然、质朴的外观和质感，能够为家居环境增添一份自然的气息。同时，绿色环保装饰材料的使用也可以引导人们关注环保，提高人们的审美。

1.3　课程学习的重要性及方法

装饰材料与施工是环境设计的重要组成部分，对创造舒适、美观且实用的居住环境起着关键作用。要学好装饰材料与施工课程，需要了解课程的重要性和相应的学习方法。

1.3.1 课程学习的重要性

装饰材料与施工包含两大板块的内容，第一板块的内容就是材料，即装饰工程项目中所使用的材料类型、品牌、规格等相关内容；第二板块的内容就是施工，即在装饰工程项目中呈现设计效果的工艺方法和表现手段。装饰材料与施工是每一位从事室内设计行业的设计师必须了解和掌握的最基本的知识与技能，也是环境设计专业的学生在专业学习的过程中必须掌握的一门专业核心基础课。因此，该课程具有以下几个重要作用。

1. 是学习其他核心课程的基础

近年来，不少高校环境设计专业在现有的课程教学中，重视专业基础课程的教学且取得了不错的成效，环境设计专业的基础课程"装饰材料与施工"开设时间一般较早，是室内装饰工程方向学生后续学习"环境空间设计基础""居室空间设计""公共环境空间设计""装饰工程预决算"等专业核心课程的基础，学生对"装饰材料与施工"课程的学习效果将直接影响后续核心专业课程的学习（如图 1-5）。

图 1-5 与专业内其他核心课程的关系

2. 有利于把控装饰工程施工质量与规范施工内容

在建筑室内装饰工程施工过程中，不仅要满足建筑的基本功能要求，而且还要以为人们提供安全、舒适、健康的居住环境为方向和目标。由于建筑室内装饰使用的材料比较多，施工工艺复杂，交叉施工的情况比较严重，某个环节出现问题，就会影响整个项目的施工质量。因此，学好"装饰材料与施工"课程，将有利于在工程施工过程中把控施工质量，规范施工内容。虽然中华人民共和国住房和城乡建设部发布的《建筑装饰装修工程质量验收规范》是目前装饰装修行业把控和验收工程质量的一个规范性文件，但是由于目前行业内设计人员素质参差不齐，施工经验缺乏，对施工工艺和材料的应用大多数不是很熟练，尤其是一些特殊做法，更需要优秀设计师和施工人员进行沟通。设计的初衷就是在安全的前提下创造出符合人们需求的室内空间环境，装饰材料与施工工艺利用得当可以很好地呈现空间效果，但不能偏离设计的初衷而一意孤行地去改变材料或改变做法。

3. 是工程项目预决算及招投标的重要依据

室内装饰装修除了设计创意外，工程造价也很重要。工程预决算是对建筑工程项目所需的各种材料、人工、机械消耗量及耗用资金的核算，也指工程造价，是国家基本建设投资及建设项目施工过程中的一项工作。工程项目造价的编制依据主要来源于地方性的装饰工程定额及全国性装饰工程定额。同一空间的设计方案，基于使用材料的不同和施工工艺的不同，其工程总造价也将存在一定的不同。因此，装饰材料与施工工艺是工程项目预决算及工程项目招投标的重要依据，其必须依据装饰工程施工图纸进行工程量计算、价格确认等，为工程项目编制合理的工程总造价。

1.3.2 课程学习方法

"装饰材料与施工"这一课程的学习涉及多个方面，需要掌握一定的方法和技巧。以下是一些关键的学习方法，有助于在课程学习中取得成功。

（1）理解基础知识。在开始学习之前，首先要明确学习目标，然后需要了解装饰材料的基本概念和分类，如各种装饰材料的特点、性能、适用范围等。同时，也需要了解施工工艺的基本流程和操作方法。

（2）阅读教材和参考书籍。选择合适的教材或参考书籍是学习这门课程的重要一环。阅读教材和参考书籍可以帮助你系统地掌握课程内容，同时也可以拓展知识面。

（3）观看教学视频。网络上有很多关于装饰材料与施工工艺的教学视频，观看这些视频可以帮助你更直观地了解各种材料的施工方法和技巧。

（4）实践操作。学好这门课程的关键在于实践。在实践中，你可以尝试使用不同的装饰材料进行施工，并不断调整和改进，以提高自己的操作技能。

（5）参加课程讨论。加入这门课程的讨论群，与其他学习者交流学习心得和经验，这样可以帮助你更好地理解和掌握课程内容。

（6）定期复习。学习后需要不断地复习和巩固。定期复习可以帮助你巩固所学知识，避免遗忘。

（7）寻求专业人士的指导。如果你在学习过程中遇到困难或不确定的地方，可以寻求专业人士的指导或帮助。

（8）持续学习。装饰材料与施工工艺在不断发展，新的材料和技术也在不断涌现。因此，持续学习是关键。关注行业新闻、参加专业培训、订阅相关杂志等，都是了解行业和提升技能的好方法。

【本章课后思考】

（1）本章对你了解这个行业是否有帮助？

（2）你认为除了学习课本知识和专业技能以外，你还需要从哪些方面进一步提升自己？

2　基础改造工程

在进行装饰装修的过程中，因空间功能和设计的需要，必然存在对原建筑空间结构进行相应改造的情况。在整个施工流程中，属于需要完成的第一道工序，比如现浇钢筋水泥楼板、改变空间分割界面、拆除多余的界面等，都是需要前期完成的项目内容，不然将直接影响后期的水电工程施工。当然，在实际施工过程中，我们可以依据基础改造内容及改造工程量的大小，在不影响后续工种施工的前提下，灵活安排相关施工时间。

2.1　室内装饰拆除工程

在进行室内空间设计的过程中，设计方案中或多或少地存在对空间墙体进行拆除的内容。室内装饰拆除工程主要包括空间原始建筑墙体拆除和空间原装饰项目拆除两部分内容。在进行建筑墙体拆除之前先要依据施工图纸明确拆除位置、拆除范围。

2.1.1 空间原始建筑墙体拆除

1. 拆除过程中需要注意的内容

（1）承重墙不能拆除。承重墙是指支撑上部楼层重量的墙体，可以确保建筑物的稳定和安全。墙体可分为横墙承重、纵墙承重、纵横墙混合承重和部分框架承重等。

（2）外墙，以及和邻居共用的墙不能拆除。现在大部分高层建筑都是框架式结构（如图 2-1），其有的墙体虽不起承重作用，但不允许为了个人利益而拆除外墙，破坏建筑外观和城市规划的整体性、美观性，更不能因为个人利益而损害他人的利益。作为社会群体的一员，我们需要树立正确的价值观和集体观。

图 2-1　框架式结构

（3）砖混结构的房屋墙体，除了卫浴和厨房的隔墙可以拆除，其他隔墙一般都不能拆除。

（4）梁和柱不能拆除。现在的建筑结构一般都为框架式结构，整栋建筑的负荷均由梁、柱支撑。拆除梁和柱，将严重影响整栋楼的建筑结构，甚至造成楼房倒塌。当然，在特殊的挑空空间里，有些梁在经得物业或建筑公司审批后可以进行拆除。

（5）人工拆除建筑墙体时，严禁采用掏掘或推倒的方法，以避免拆除过程中墙体倒塌而产生巨大震动，进而对建筑结构或墙体造成破坏。

（6）拆除过程中，如果发现楼板、梁变形或出现裂纹，应立即停止，并增加支撑，与设计师共同商讨出解决方案后才能继续施工。

（7）拆除墙体与其他墙体之间的连接时，先用切割机切割出一条沟线，再由人工剔凿，以确保拆除分界线是规范的，并避免拆除时其他墙体发生震动而被破坏（如图 2-2）。

切割作业

切割效果

图 2-2　切割拆除

（8）在绘制墙体拆除施工图时，遵循拆除尺寸大于装饰完成面尺寸，因为拆除之后，拆除位的侧面需要用水泥砂浆抹面，一般抹面厚度为 10 mm。比如，房门宽度尺寸为 900 mm，那么，拆除后的门洞宽度尺寸至少为 950 mm（如图 2-3）。

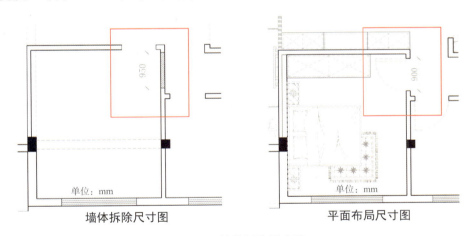

墙体拆除尺寸图　　　　　　　　平面布局尺寸图

图 2-3　墙体拆除尺寸图

（9）原建筑保温层及批灰层依据现场情况进行铲除。如今的建筑开发商为了满足房屋验收标准，都在建筑内墙加做了保温层（如图 2-4）。较为常见的保温材料有硅酸铝保温材料、酚醛泡沫保温板和无机保温砂浆（如图 2-5）。无论采用哪种保温材料，在铺贴瓷砖的界面均需将保温层铲除，否则瓷砖会因为粘贴不牢而发生脱落。

　　①硅酸铝保温材料是一种新型的环保墙体保温材料。硅酸铝保温涂料是以天然纤维为主要原料，添加一定量的无机辅料，再经复合加工而制成的一种新型绿色无机单组分包装干粉保温涂料。施工前将保温涂料用水调配后批刮在需要保温的墙体表面，干燥后可形成一种微孔网状、具有高强度结构的保温绝热层。

　　②酚醛泡沫保温板是良好的保温材料，但是也有缺点，其物理性能不理想，整体的黏结性不好，抗压抗折能力极低，所以一般都要用很厚的保温板才行，而且酚醛本身很脆，易粉化，不太适用于外墙。

　　③无机保温砂浆是一种用于建筑物内外墙的新型保温节能砂浆材料，是以无机类的轻质保温颗粒为轻骨料，加由胶凝材料、抗裂添加剂及其他填充料组成的干粉砂浆。该材料具有节能、保温、隔热、防火、防冻、耐老化的优异性能及价格低廉等特点，有着广泛的市场需求。

图 2-4　内墙面保温层　　　　　图 2-5　常见的保温材料

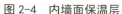

　　有些建筑室内空间的顶面或墙面，开发商用成本低、干得快的石灰粉或者白水泥将其刮白，以掩盖现浇楼板和墙体的不平整，或为了遮丑用的无机保温砂浆，因其黏结力差，表面容易起粉，在装饰施工中，不能直接在其表面批腻子和滚涂乳胶漆，更不能直接在其表面铺贴瓷砖，需要依据装饰设计方案确定是否进行铲除，如果顶面有石膏板吊顶或墙面护墙板等遮挡，可以不进行铲除，以节约装修与施工成本。反之必须铲除干净（如图 2-6）。

建筑顶面批灰层   铲除顶面批灰层后

图 2-6 铲除建筑批灰层

2. 如何区别承重墙与非承重墙

（1）通过工程施工图纸进行判断。承重墙是支撑上部楼层重量的墙体，在工程图上显示为较粗的黑色实线墙体（如图 2-7），打掉会破坏整个建筑结构，其内部常见为钢筋混凝土。非承重墙是指不支撑上部楼层重量的墙体，只起空间分割作用，在工程图上显示为中空墙体，其内部常见为红砖或轻质砖。

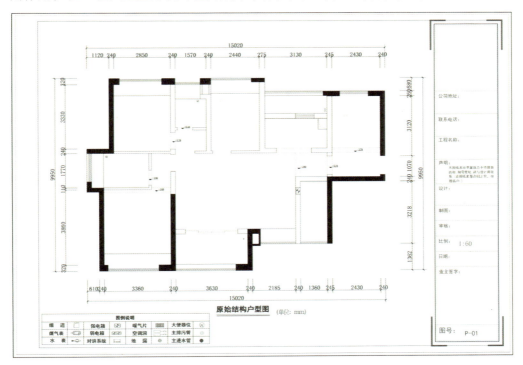

图 2-7 施工图纸承重墙表达

（2）依据建筑结构来判断。砖混结构建筑竖向承重结构的墙采用砖或者砌块砌筑，构造柱及横向承重的梁、楼板、屋面板等采用钢筋混凝土结构，这种结构的房屋如农村住宅、城市低层住宅（如图 2-8）。框架式结构的房屋内部墙体一般不起承重作用，框架式结构是由许多梁和柱共同组成的框架来承受房屋全部荷载的结构，砌筑的砖体墙仅仅用于空间分割，常见的高层民用建筑和多层的工业厂房即是这种结构（如图 2-9）。

图 2-8　砖混结构　　　　　　　　图 2-9　框架式结构

（3）通过墙体厚度来判断。一般墙体厚度在 24 cm 以上的墙基本都是承重墙。

（4）通过敲击声音来判断。敲击墙体时，发出的声音清脆且回声大，这类墙体不是承重墙；而承重墙因为结构比较扎实，敲击时回音沉闷且声音很小。

3. 文明施工注意事项

（1）在公共空间或非封闭空间拆除工程施工现场的醒目位置设置施工标志牌、安全警示标志牌，采取可靠的防护措施，实行封闭施工。

（2）拆除工程施工作业人员必须正确穿戴安全帽等劳保用品，高处作业时应系好安全带，不得冒险作业。

（3）室内空间因拆除产生的垃圾，需要采用袋装进行搬运，避免对公共环境卫生造成破坏。

（4）作业时间严格按照物业公司相关管理规定进行，避免拆除过程中产生的噪声影响他人的正常休息。

2.1.2 空间原装饰项目拆除

空间原装饰项目拆除是指对室内装饰进行二次装修时，拆除原来的装饰工程项目，包括顶面吊顶、墙面装饰、地面装饰及家具等（如图 2-10）。在进行拆除之前先要依据相关要求明确拆除内容及拆除范围，并做好拆除作业计划和安排。室内装饰工程拆除工序如下。

图 2-10　室内原装饰项目拆除

1. 拆除顶面工程

在进行室内装饰工程拆除施工的时候，要从顶面开始一点一点地拆除原装饰工程内容，比如石膏板吊顶、铝扣板吊顶等（如图 2-11），不要从地面开始拆，否则容易在拆除时顶面构造物坠落，砸伤人。

图 2-11　顶部拆除

2. 拆除墙面工程

拆除墙面工程主要包括拆除墙面瓷砖、墙面护墙板、轻钢龙骨隔墙、墙面腻子及空间隔墙。拆除墙面瓷砖的时候，特别是卫生间、厨房的墙面瓷砖，不仅要把瓷砖都拆除掉，还要把瓷砖下面的水泥层拆除干净，最好铲到原建筑墙面为止。这样做的主要目的是减少后续铺贴占用相应的空间，能更好地处理基础面及涂刷防水涂料。对于墙面腻子层，原则上需要进行铲除，但若腻子面比较完整，未出现发霉、受潮或开裂等情况，可以不铲除（如图2-12）。

铲除墙面瓷砖　　　　　　　　　　铲除墙面腻子

图 2-12　墙面瓷砖与腻子铲除

3. 拆除地面工程及其他

这项拆除内容主要包括拆除地面瓷砖、木地板、门窗及家具等。拆除地面瓷砖时需要拆除至原建筑楼面，特别是厨房、卫生间及阳台地面，因涉及排水与防水施工，需要将黏结层铲除干净，这样有利于更好地处理基础面，做好新的排水与防水（如图2-13）。当然，具体情况具体分析，如果将来是将铺设瓷砖的区域改成木地板，在空间高度允许的情况下，可以直接在瓷砖上面铺设木地板，这样既可以节约装修和施工成本，也可以减少因拆除对建筑结构造成的损伤。拆除门窗时需要按照原安装结构对其进行拆除。特别是窗户的拆除，应放到其他拆除工程完成后再进行拆除，这样可以避免房屋在施工过程中因没有窗户而承受风吹雨淋，也可以有效避免崩落的石子落到楼下伤及他人。

图 2-13　地面瓷砖拆除

2.1.3 文明施工

（1）遵守物业公司管理制度，严格按照作业时间进行施工。因为二次装修或旧房改造项目，都在老、旧小区，拆除工程施工将对他人的休息造成影响。

（2）树立安全第一的意识，做好安全施工措施。拆除工程施工作业人员必须正确穿戴安全帽等劳保用品，高处作业时应做好安全保护措施，防止物件或砖石掉落伤及他人生命及财产。

（3）采用专用的渣土运输车辆将垃圾外运至城市建筑垃圾堆放点，避免影响小区及城市道路环境。因为二次装修或旧房改造项目所在的小区物业基本不提供建筑垃圾堆放点，需由施工方自行负责转运。

（4）将拆除所产生的垃圾进行分类装运，树立绿色施工意识，为建立资源节约型社会贡献一份力量。

（5）拆除过程中严禁暴力拆除，拆除时需先了解房屋结构，制订合理的拆除方案。房改造项目一般都是一些年代久远的房屋，其结构有的甚至是砖木结构，砌筑材料为石粉膏，黏结强度不高，在拆除过程中很容易受到损坏（如图2-14）。同时，拆除过程中需要切断室内拆除区域的电源，并及时清理裸露的电线，采用电胶布包裹破损的电线及线头，这样可以防止拆除过程中电路短路起火或施工人员触电。

图 2-14　旧房墙体结构

2.2　室内界面新建工程

2.2.1 新建墙体的主要材料

1. 红砖

红砖也叫黏土砖，是一种常见的建筑材料，通常以黏土等材料为原料，经过高温烧制而成。它的颜色通常为红色或棕色，具有坚固、耐用、防火等特点。普通烧结砖（红砖）也叫标准砖，尺寸是 240 mm×115 mm×53 mm，色泽红艳，有时为暗黑色。普通黏土砖既有一定的强度和耐久性，又因其多孔而具有一定的保温、绝热、隔音等优点（如图 2-15）。

图 2-15　红砖

　　红砖砌筑的墙体常见厚度为 24 墙（240 mm）、18 墙（180 mm）、12 墙（120 mm）、6 分墙（60 mm）（如图 2-16）。在室内空间装饰中，用于分割空间而砌筑的墙体厚度一般采用 18 墙、12 墙、6 分墙，为了节约空间，以 12 墙居多。6 分墙因太薄而稳定性差，除非空间极小，一般不建议砌筑这样的墙体。

图 2-16　墙体砌筑厚度

2. 空心砖

空心砖是建筑行业常用的墙体主材，有质轻、消耗原材少等优势。空心砖与红砖差不多，空心砖的常见制造原料是黏土和煤渣灰，常见规格为390 mm×190 mm×190 mm、240 mm×115 mm×180 mm、180 mm×180 mm×90 mm。常用于非承重部位。空心砖分为黏土空心砖（如图 2-17）、水泥空心砖（如图 2-18）、页岩空心砖。

图 2-17　黏土空心砖

图 2-18　水泥空心砖

在使用空心砖时，需要注意一些事项。首先，空心砖的强度和承重能力取决于制造材料和制作工艺，因此应该选择高质量的空心砖。其次，空心砖的内部空间应该填充合适的材料，以确保其稳定性和承重能力。最后，在使用空心砖建造墙体时，应该按照规范进行施工，以确保建筑物的安全和稳定。

3. 轻质砖

轻质砖一般是指发泡砖，是一种新型的建筑材料，主要特点就是重量轻。相比传统的砖石材料，轻质砖具有更小的重量，更容易安装，并且在一定程度上可以减轻建筑物的承重负担。正常室内隔墙都用这种砖，能有效减轻楼面负重，而且隔音效果也不错。质量好的轻质砖以优质板状刚玉、莫来石为骨料，以硅线石为基体，另添特种添加剂和少量稀土氧化物混炼，经高压成型、高温烧成，常见规格为 600 mm×240 mm×100 mm、600 mm×240 mm×200 mm（如图 2-19）。轻质砖比实心黏土砖的综合造价可降低 5% 以上。轻质砖砌筑的墙体厚度为 100 mm 或 200 mm。在绘制墙体砌筑施工图时，应尽量依据常规尺寸确定砌筑厚度。虽然轻质砖可以定制非常规的厚度，但将大大增加材料成本等费用。

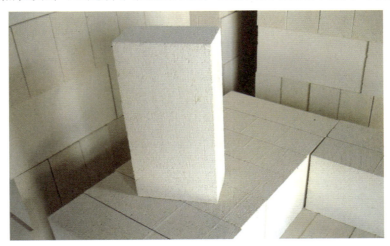

图 2-19　轻质砖

2.2.2 墙体砌筑施工工艺

1. 绘制墙体砌筑施工图

绘制新建墙体施工图时，需要将采用的材料、工艺要求、界面间尺寸及墙体厚度标注清晰，以便施工现场进行放样。同时，门窗洞口因后续有抹面、门套等处理工艺，砌筑尺寸均需大于实际完成面尺寸。同时，墙体厚度需要考虑抹灰面厚度，比如仅在施工图纸标注砌筑墙体厚度为 120 mm，就很难确定该厚度是含抹灰面还是不含抹灰面，一般抹灰厚度为 10 mm，砌筑墙体正反两面抹灰就为 20 mm，那么，砌筑墙体不含抹灰面厚度为 120 mm，其最后完成面厚度将为 140 mm。如果砌筑墙体含抹灰面厚度为 120 mm，则砌筑厚度为 100 mm（如图 2-20）。

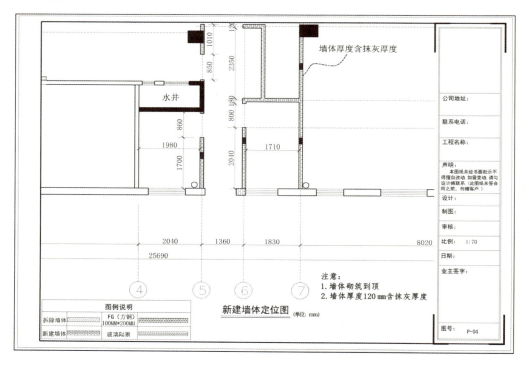

图 2-20　新建墙体尺寸定位图

2.墙体砌筑施工流程及工艺

（1）墙体砌筑施工流程

墙体砌筑施工流程可以依据施工现场和工序内容做相应调整（如图 2-21），但整体需要满足《砌体结构工程施工质量验收规范》（GB 50203—2011）等有关规定。

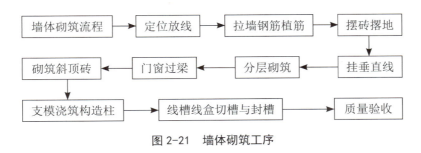

图 2-21　墙体砌筑工序

（2）墙体砌筑工艺

①清理基础面。清除地面垃圾及灰尘，对凸起的砂浆或是混凝土，必要时要用工具清理，以保证砌筑砖块时的基础面是平直的。

②尺寸放样。根据装饰施工建墙图纸进行空间尺寸放样，包括门、窗洞口和竖向线盒统一留置的高度，并仔细核对实际的轴线、尺寸、位置、标高、门窗的尺寸是否与设计相符，当出现与设计不相符时，应及时跟设计师或甲方（业主）进行沟通。

③植入拉筋。砌筑墙体与原建筑墙体接触处，需要植入直径不小于 8 mm 的带钩螺纹钢筋，以增加新砌墙体与原建筑墙体之间的拉力，防止新砌墙体侧面倒塌。植筋的基本要求是钢筋长度不低于 500 mm 并带弯钩，植入墙体深度不低于 50 mm，纵向间距不大于 500 mm，采用专用植筋胶将单支或双支钢筋植入墙体（如图 2-22）。

图 2-22　植入拉筋

如果在原建筑墙面单贴砌体，为了防止砌体与原建筑墙体剥离，可以在垂直间距不大于 500 mm 的位置打入带钩膨胀螺栓（如图 2-23）。

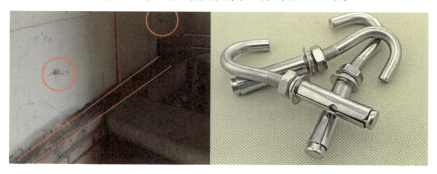

图 2-23　打入带钩膨胀螺栓

④交替砌筑交接墙。砌筑的两面墙体出现"T"字形或"L"字形时，在交接处需采用每层砖相互交叉叠压的方式进行砌筑，使两墙之间相互产生拉力，以提升墙体交接处的牢固性和两墙的稳定性（如图 2-24）。

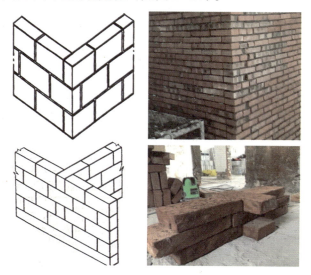

图 2-24　"T"字形或"L"字形墙体的砌筑方式

⑤门、窗洞口设置过梁（如图 2-25）。因为门洞、窗洞是空的，洞口上方如果不设置过梁，后期容易导致门框或窗框发生变形，门、窗开启不顺，甚至发生垮塌的现象。可以采用成品预制的钢筋水泥板或现浇钢筋水泥板来设置过梁，过梁插入门、窗洞口两侧墙体的长度分别不低于 60 mm。门窗洞口越大，两边插入的长度应越长。

图 2-25 门洞过梁

⑥水区设置挡水梁。在有水区域砌筑墙体时，需要先浇注挡水梁，以防止水渗透到相邻空间（如图 2-26）。防水梁的高度不低于 150 mm。同时，卫生间新砌筑的隔墙，离地高度 900 mm 以内需采用红砖砌筑，900 mm 以上采用轻质砖砌筑，以减轻卫生间地面的承重负荷（如图 2-27）。

图 2-26 挡水梁　　　　　　图 2-27 卫生间隔墙

⑦增设构造柱。当砌筑墙体的中间未被混凝土墙（柱）进行分割时，砌筑厚度为 100 mm 的墙体长度超过 3.6 m，或砌筑厚度为 180 mm 的墙体长度超过 5 m 时，需要在墙中间加设构造柱。构造柱的增设依据现场实际情况，可以采用方钢或现浇钢筋混凝土的方式进行设置。采用方钢支柱作为构造柱，则需在方钢上设置拉筋（如图 2-28）。采用现浇钢筋混凝土作为构造柱，构造柱与墙体的连接

处砌成马牙槎，马牙槎呈元宝状，先退后进，进退尺寸不小于 60 mm，高度为 200 ～ 400 mm（如图 2-29）。

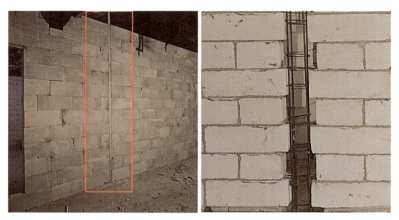

图 2-28　方钢构造柱　　　　图 2-29　钢筋混凝土构造柱

当砌筑的墙体高度超过 4 m 时，在墙的半高处或门顶标高处设置与混凝土墙柱连接且沿全墙贯通的钢筋混凝土圈梁，圈梁与墙等宽，高度不小于 120 mm（如图 2-30）。

构造柱
圈梁

图 2-30　圈梁

⑧封顶砖斜砌。墙体不能一次性砌筑到顶，因为水泥砂浆在硬化过程中，受重力等因素影响，会使得墙体高度出现一定程度的下降，进而导致墙体与天花板容易出现裂缝，因此需要预留一定空间，待下面墙体初步硬化后再采用45度斜砌的方式封顶。封顶砖斜砌，不但有利于增加墙体的抗震性，也有利于预防墙体变形（如图 2-31）。

图 2-31 封顶砖斜砌

2.2.3 墙体砌筑检查与验收

（1）过程性检查。在砌筑过程中，需对各工序进行检查，如检查工序是否符合设计要求、各界面交接处施工及操作是否规范，发现问题需要及时整改。

（2）检查砌筑的墙体面是否采用了"工"字形砌筑（如图 2-32）。一般采用上层单砖压下层单砖 1/2 的方式错缝搭砌。砌筑墙体厚度允许有 ±4 mm 的偏差，水平灰缝平直度 ≤ 7 mm。

图 2-32 "工"字形砌筑

（3）采用靠尺及线锤检查砌筑墙体的平整度和垂直度（如图 2-33）。表面平整度偏差 ≤ 4 mm，垂直度全高 ≤ 5 mm。

图 2-33　检查砌筑墙体

（4）检查砌体砂浆是否密实、饱满，水平、垂直灰缝的砂浆饱满度必须 ≥ 80%。

（5）门、窗洞口高、宽允许有 ±5 mm 的偏差。

2.2.4 新建墙体抹灰材料及工艺

1. 抹灰材料

抹灰材料主要有水泥、砂子、钢丝网。

（1）水泥。粉状水硬性无机胶凝材料。加水搅拌后成浆体，能在空气中硬化或者在水中硬化，并能把砂、石等材料牢固地胶结在一起（如图 2-34）。水泥按用途及性能分为以下两种。

①通用水泥：一般土木建筑工程通常采用的水泥。通用水泥主要是指硅酸盐水泥、普通硅酸盐水泥、矿渣硅酸盐水泥、火山灰质硅酸盐水泥、粉煤灰硅酸盐水泥和复合硅酸盐水泥。

②特种水泥：具有特殊性能或用途的水泥，如 G 级油井水泥、快硬硅酸盐水泥、道路硅酸盐水泥、铝酸盐水泥、硫铝酸盐水泥等。

我国目前生产的水泥主要有 M225、M325、M425、M525 等几种标号，标号越高，代表水泥的抗压强度越高。在室内装饰工程施工中，常用的水泥标号为 M325 矿渣硅酸盐水泥。

图 2-34　水泥

（2）砂子。装饰工程施工过程中主要用到的砂子分为粗砂、粉墙砂及河砂。国家基于对环境及河道的保护，现在很多城市相关管理部门限制在河道开采河砂。因此，现在装饰工程施工所用的砂子大部分为机械加工砂，粉墙需要使用颗粒更细、更均匀的粉墙砂。

（3）钢丝网。钢丝网片可以减少水泥砂浆抹灰面发生开裂的情况（如图2-35）。

图 2-35　钢丝网

2. 抹灰工艺

抹灰工程施工工艺流程：墙面清理（修抹预留洞、配电箱、槽、盒）→洒水湿润墙面 → 挂钢丝网 → 抹灰饼（冲筋）→ 砂浆打底赶平 → 抹面层砂浆 → 门、

窗洞口抹灰 → 洒水养护。

（1）墙面清理。抹灰前检查墙体，对松动、砂浆不饱满的拼缝及梁、板下的顶头缝，用砌筑砂浆填缝密实。将露出墙面的舌头灰刮干净，墙面的凸出部位剔凿平整。

（2）洒水湿润墙面。给墙面洒水，湿润墙面，以防墙面快速将抹面水泥砂浆的水分吸干，从而导致抹面水泥砂浆与墙面的黏结力降低，甚至出现开裂或脱落（如图 2-36）。

（3）挂钢丝网。使用 2 cm 钢钉将钢丝网固定在墙面上，钢钉露出墙面不超过 5 mm（如图 2-37）。铺设过程中，需要铺平整，铺牢固，防止抹水泥砂浆时出现脱落。

图 2-36 给墙面洒水

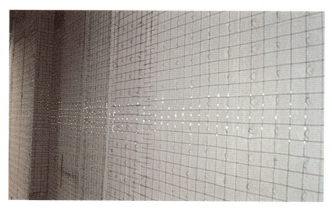

图 2-37 挂钢丝网

（4）抹灰饼（冲筋）。以墙面的实际高度为依据确定灰饼（冲筋）的数量。

灰饼一般水平及高度距离以 1.5 m 为宜，冲筋垂直间距一般以 1.5 m 为宜。用水泥砂浆做 100 mm 见方的灰饼或宽度为 50 mm 的筋。灰饼厚度以满足墙面抹灰达到垂直度的要求为宜。上、下灰饼用拖线板找垂直，水平方向用靠尺板找平，先上后下，保证墙面上、下灰饼表面处在同一平面内。抹灰饼（冲筋）做好后不超过 4 小时，就需要用水泥砂浆抹平墙面（如图 2-38）。

灰饼　　　　　　　　　　　　　冲筋

图 2-38　灰饼及冲筋

（5）砂浆打底赶平及抹面层砂浆（如图 2-39）。先抹一层厚度低于灰饼（冲筋）的水泥砂浆，并将基体抹严，压实砂浆使其挤入细小缝隙内。再进行第二次抹灰，并参照所做的灰饼（冲筋），用长度大于 1.5 m 的铝条将水泥砂浆层赶平，用木抹子搓毛。然后全面检查底子灰是否平整，阴阳角是否方正、整洁，墙顶板交接处是否光滑平整、顺直，并用托线板检查墙面垂直与平整情况，并在上道抹面六七成干时开始抹罩面灰，厚度约为 2 ～ 5 mm，压实，赶光。

水泥砂浆赶平　　　　　　　　　抹面层砂浆

图 2-39　水泥砂浆赶平及抹面

（6）门、窗洞口抹灰。依据门、窗洞口需要抹灰的数量，将大芯板材料按120 mm 的宽开足量的长条，用于门、窗洞口夹模，以确保抹面平直、方正（如图 2-40）。

图 2-40　门洞抹灰

（7）洒水养护。抹灰完成后需进行洒水养护，以防空鼓、裂缝，一般养护时间不少于 7 天，具体可依据施工环境温度确定洒水次数。洒水养护时，不能使地面大量积水，以防渗漏，损害他人财产，产生经济损失。

3. 质量验收

依据 GB 50210 — 2018《建筑装饰装修工程质量验收标准》中的质量验收规范要求，采用观察、小锤轻击检查、靠尺检查、垂直检测尺检查进行质量检查验收。

（1）抹灰层与基层之间及各抹灰层之间必须黏结牢固，抹灰层应无脱层、空鼓，面层应无爆灰和裂缝。

（2）护角、孔洞、槽、盒周围的抹灰表面应整齐、光滑；管道后面的抹灰表面应平整。

（3）不同材料基体交接处表面的抹灰，应采取防止开裂的加强措施，当采用加强网时，加强网与各基体的搭接宽度不应小于 100 mm。

（4）抹灰层的总厚度应符合设计要求。

（5）立面垂直度误差 ≤ 3 mm，表面平整度偏差 ≤ 3 mm，阴阳角方正度误差 ≤ 3 mm（如图 2-41）。

图 2-41　墙面抹灰验收

【本章课后思考】

（1）拆除施工过程中，怎样才能做到文明施工呢？

（2）我们在绘制建墙施工图时，需要注意哪些问题？为什么要在新建墙体与原建筑墙体交接处植入钢筋？

3　水电改造工程

水电改造工程是整个装饰工程施工工序中极为重要的一个环节，相关的配件材料基本埋入地下或墙内，属于隐蔽工程，后期一旦出现质量问题，对其进行维修的难度较大，维修成本较高，因此，水电改造过程中使用的材料品质及施工质量直接影响整个装饰工程。

3.1 水路改造材料及施工工艺

3.1.1 给水改造材料及施工工艺

1. 给水改造常用的材料

建筑业是我国支柱产业，做好建筑给排水系统的设计、施工和维护，是实现节水、节能、防治水质污染的具体手段。给水管分金属管、复合管和塑料管。

（1）常见的金属管有紫铜管和镀锌管（如图 3-1）。金属管具有安全、卫生、耐用等诸多特点，但因生产成本和施工成本比较高，且施工要求和施工难度也比较大，管件安装过程中除了套丝以外，还需要复杂的焊接工艺，同时，在长期使用的过程中，管件内外壁容易生锈，进而污染水源，于是逐步被其他材料所替代。

图 3-1　金属管

（2）典型的复合管有铝塑管，由内外两层高分子聚乙烯材料中间夹一层铝皮组成（如图 3-2）。铝塑管具有许多优点，如耐压能力强、热传导性好、抗腐蚀性强、使用寿命长等。此外，铝塑管还具有优良的密封性能和抗老化性能，能够适应各种环境条件，但是由于其会热胀冷缩，已经被逐渐淘汰。

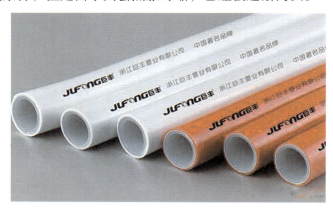

图 3-2　铝塑管

（3）塑料管。该给水管因安全、无毒、安装方便、价格低廉等诸多优势，已经成为家装常用的水管。最常用的是 PP-R 管（如图 3-3）。PP-R 是三型聚丙烯的简称，其重要特点是采用热熔接的方式，有专用的焊接和切割工具，输送阻力小，价格也很经济，使用寿命长。按标准生产和使用的 PP-R 管可以使用50 年。

PP-R 管材主要分为冷水管与热水管，冷、热水管的区分主要看管子外壁上线条的颜色，蓝色为冷水管，红色为热水管。

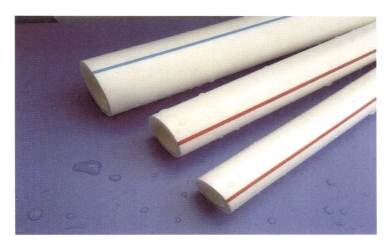

图 3-3 PP-R 管

国家标准《冷热水用聚丙烯管道系统 第2部分：管材》（GB/T 18742.2—2017）规定，PP-R 管道外经有 12 mm、16 mm、20 mm、25 mm、32 mm、40 mm、50 mm、63 mm、75 mm、90 mm、110 mm、125 mm、140 mm、160 mm 14种规格。在家装装饰工程中，常使用外径为 25 mm、32 mm 的 PP-R 管材。

PP-R 管常用配件有直接、90 度弯头、等径三通、45 度弯头、变径直接、变径弯头、堵头及吊卡、过桥、外牙直接、内牙直接、外牙三通、内牙弯头等（如图 3-4）。

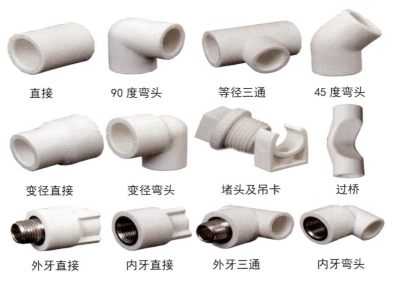

直接	90 度弯头	等径三通	45 度弯头
变径直接	变径弯头	堵头及吊卡	过桥
外牙直接	内牙直接	外牙三通	内牙弯头

图 3-4 PP-R 管常用配件

　　PP-R 管具有几个方面的特点：①外形美观，白色、灰色、绿色任意选用。②耐热、保温性能好。在 70℃ 的水温下可以长期使用，瞬间可承受水温达 95℃。③安装、连接简便。管材、管件用同一种原料制成，热熔焊接性能良好，系统安全性高。④耐腐蚀，PP-R 管为非极性高聚物，化学惰性高，与水中的离子和建筑物内的化学物质均不发生化学作用，不生锈，不腐蚀。

　　2. 给水改造施工工艺

　　（1）在进行给水系统施工前，需要对施工图中的给水点位、设施设备等相关参数进行确定，例如热水器位置、各空间水点位置、蹲（坐）便器位置及洗衣机位置等，并依据现场实际情况做出合理分配和规划（如图 3-5）。

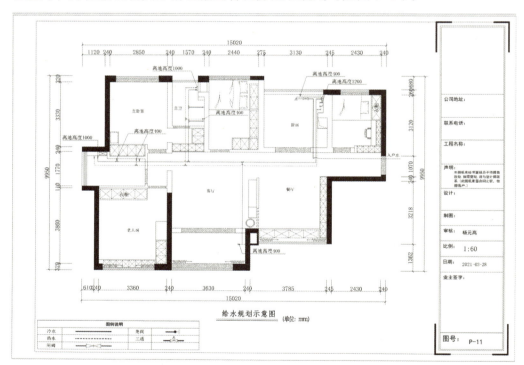

图 3-5　给水规划示意图

　　（2）确定施工方案。目前室内空间装饰项目的给水施工方案主要有水管走地面和水管走顶面两种。水管走地面是指在地面开槽或水管直接铺设在地面（如图 3-6）。水管走顶面是指通过专用吊卡让水管贴着顶面铺设，并有效地隐藏在吊顶里（如图 3-7）。

图 3-6　水管走地工艺　　　　　图 3-7　水管走顶工艺

　　水管走地的优点：①对比水管走顶，水管走地的整体费用相对便宜一点。②水管走地是在地面埋管，管子四周是夯实的土，对固定管子有好处，也可以保证管子的使用寿命。水管走地的缺点：①如果水管出现问题，不好维修，需要将地板或地砖撬开。②如果出问题的地方是在地板的下方，地板很可能被损坏。③如果发生漏水情况，不能及时发现，极容易给楼下造成一定的损失。

　　水管走顶的优点：①水管走顶可以减少横向开槽，横向开槽会影响墙体的结构。②水管走顶纵向管道都是整根的水管，接头都在吊顶里面，出现漏水情况能第一时间发现。③水管走顶十分方便以后的维修，吊顶非常容易拆卸，因维修而造成的破坏，也很容易恢复。

　　（3）开槽。暗埋管道时，凿墙、地槽的深度应保证暗埋管道在墙面或地面，管槽的宽度一般为管直径的 1.5 倍左右，水泥砂浆封槽时，管道不能外露。墙面尽量开竖槽，少开或不开横槽。开槽过程中，我们需要树立良好的工程安全意识和职业操守，不能为了施工方便而破坏建筑的钢筋结构，使原建筑结构受损而埋下安全隐患（如图 3-8）。

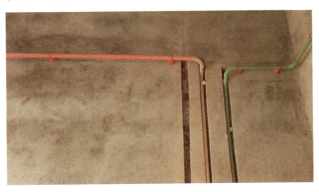

图 3-8　墙面开槽

（4）布管。采用 PP-R 管。空间面积较小时可以全部采用直径 25 mm 的 PP-R 管进行铺设，面积较大、水点位置相距较远、卫生间数量较多或复式楼层等，主水管可以采用直径 32 mm 的 PP-R 管，分支到每个水点的水管可以采用直径 25 mm 的 PP-R 管，以保障各水点在使用过程中具有良好的水压，提高用户体验；并在厨房设置总阀，以方便临时关闭室内供水（如图 3-9）。

图 3-9　室内水管总阀

①安装 PP-R 管时应合理布局，须采用横平竖直的方式，以方便水路检修和避免后续相关安装破坏水管（如图 3-10）。同时，管线不得靠近电源，与电源间距最短直线距离为 200 mm，管线与卫生器具连接严密。

图 3-10　PP-R 管安装

②布冷、热水管时，应按照"热上冷下，左热右冷"的基本原则进行，热水管需要套保温棉。冷、热水管平行间距不少于 150 mm（如图 3-11）。

图 3-11　冷、热水管

（5）打压测试（如图 3-12）。布管完成后，需要对其进行打压实验，一般打压 1.0 MPa（相当于 10 kg 压力），而城市供水一般在 0.4 MPa 左右（相当于 4 kg 压力），打压试验 30 分钟内水压保证在 0.96 MPa 以上为合格。如果压力低于 0.96 MPa，需要仔细检查各连接口是否存在漏水的情况及各出水口堵头是否堵严。

图 3-12　打压实验

（6）封管。打压实验合格后，才能采用水泥砂浆封闭管槽。水泥砂浆应填充饱满、平顺，不得高出原始墙体或地面基础面。

传统的单循环给水系统往往不能满足我们日常生活的需要，在热水供水方面最大的缺点就是需要排放前置冷水后才能有热水使用，会造成水资源的浪费；另外，冷水供水方面容易导致局部水段长期滞留，水质质量下降。因此，我们在设计上或施工上，需要树立良好的生态资源保护意识，倡导采用供水循环系统创新设计，以便更好地践行人性化设计和绿色施工。供水循环系统不仅契合了我国建设节约型社会的构想，也能满足我们的各种需求，提高使用时的舒适度（如图3-13）。

图 3-13　供水循环工艺

3.1.2 排水改造材料及施工工艺

装饰装修工程项目中经常使用的排水管材料主要为 PVC。这种材料在近年来越来越受人们的青睐，因为它具有许多优点，如轻便、耐腐蚀、易于安装等。在家居空间装饰装修中，该材料主要应用在浴室排水、厨房排水和阳台排水几个方面：

浴室排水：PVC 塑料排水管被广泛应用于浴室装修，因为浴室是用水量较大的区域之一。使用 PVC 塑料排水管可以有效地防止水渗漏，提高装修质量。

厨房排水：厨房也是用水较多的区域，因此 PVC 塑料排水管在厨房装修中也得到了广泛应用。它可以有效地防止水渗漏，提高厨房的使用舒适度。

阳台排水：阳台也是用水较多的区域之一，因此 PVC 塑料排水管也经常被用于阳台装修。它可以方便地连接水管和下水道，方便排水。

1.排水改造常用材料

常用的排水管材主要为直径 110PVC 管、直径 75PVC 管和直径 50PVC 管，其常用配件为 90 度弯头、异径三通、45 度弯头、存水弯、异径正三通、正三通、补芯等（如图 3-14）。

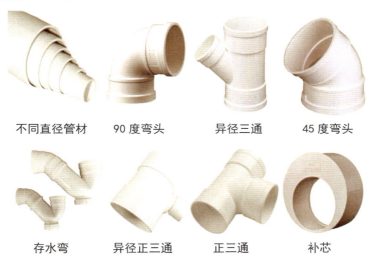

| 不同直径管材 | 90 度弯头 | 异径三通 | 45 度弯头 |
| 存水弯 | 异径正三通 | 正三通 | 补芯 |

图 3-14　常用的排水管材配件

2.排水施工工艺

在进行家装排水施工之前，需要充分了解相关规定和标准，以确保施工质量和安全。

（1）准备工作。根据房屋结构和家庭需求，规划排水管道的布局，包括厨房、卫生间、阳台等区域的排水管道，设置预留排水口。同时需要根据预算和房屋结构，选择合适的排水管材，以确保管道质量和使用寿命。

（2）安装排水管道。根据布局，安装主排水管，确保其质量和使用寿命。各分支排水管，连接各个用水点，并对各分支管设置单独或共享存水弯，以防止异味和蚊虫进入（如图 3-15）。蹲便器处直径 110 mm 的排污管因空间高度不够而无法做存水弯时，可以采用自带存水弯的蹲便器。陶瓷蹲便器的进出水方式主要分为后进后出和后进前出两种，我们需要依据蹲便器的进出水方式确定排污管中心点与墙面的距离（如图 3-16）。

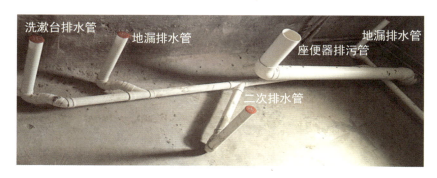

图 3-15　排水管设置图

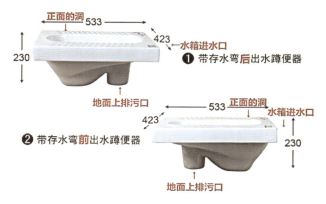

图 3-16　蹲便器进出水示意图

（3）排水管道连接。使用合适的工具和材料，确保管道连接紧密，无渗漏现象。多点排水汇集到一根排水管上时，需要采用顺水方向进行斜三通连接，以确保排水顺畅（如图 3-17）。直径 50 mm 的排水管连接直径 110 mm 的排水管时，需要采用补芯配件进行连接，以防污水倒流（如图 3-18）。

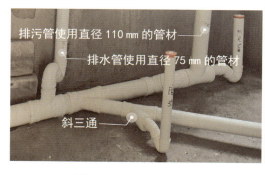

图 3-17　斜三通连接图

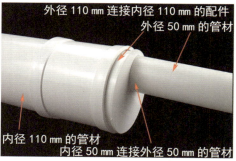

图 3-18　补芯连接示意图

（4）排水测试。在所有排水管道安装完毕后，进行排水测试，确保所有接口处连接密实，无渗漏和堵塞现象。

3. 二次排水（暗排）

俗话说最有效的防水就是拥有良好的排水系统。在室内空间装饰工程项目中，二次排水主要使用在沉箱式卫生间或有足够高度空间的用水区域。二次排水是有效避免用水区域地面发生渗漏的一种重要方法。它的基本原理就是将地面回填层中的积水及时快速地排走，从而使卫生间沉箱回填层中无积水（如图 3-19）。

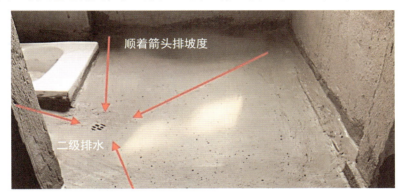

顺着箭头排坡度

二级排水

图 3-19 二次排水示意图

二次排水施工时的注意事项如下。

（1）确定正确的排水位置。通常，卫生间需要一个合适的排水口，以便将污水排入下水道。如果排水口位置不正确，可能会影响二次排水的效果。

（2）确保有足够的高度做排水坡。需要确保卫生间的地面有一定的坡度，以便污水能够顺利地流向排水口。通常，可以采用一些排水板或水管来增加地面的坡度。

（3）确保排水顺畅。排水口需要保持畅通。如果排水口堵塞，污水可能会倒流，导致积水等问题。

（4）设置二次排水口。二次排水口需要设置在排水坡最低点，以确保水能通过坡度迅速流入二次排水口，并通过二次排水管流到主排污管或室外。

（5）找平层涂刷防水。二次排水施工时还需要注意防水层的问题。防水层可以防止水渗入地面下方，保护房屋的结构和地板。通常，可以在地面涂刷防水材料，或者使用防水卷材等材料进行铺设。

3.2　强电、弱电改造材料及工艺

随着我国经济社会的快速发展，人们对吃、穿、住、行等也有了更高的要求，住作为人们生活必不可少的一部分，使得人们对建筑电气工程质量的要求也越来越严格。强电、弱电施工作为建筑电气工程的重要部分，其施工的质量与建筑行业的发展息息相关。由于建筑电气工程强电、弱电施工具有一定的复杂性，因此在具体施工过程中，应对建筑电气工程施工中存在的问题有充分的了解，并掌握正确的强电、弱电施工方法和技巧，保障建筑电气工程施工整体质量，提高强电、弱电施工水平。

3.2.1 强电改造材料

室内强电改造材料主要包括强电箱、电线、线管及管件、开关面板、插座面板，以及一些辅助材料等。

1. 强电箱

强电箱是用来控制和分配电力的设备，通常安装在室内电路的入口处。配电箱应该具有高质量的开关和保护装置，以确保电力供应的安全和稳定。其主要由空气开关组成（如图3-20）。

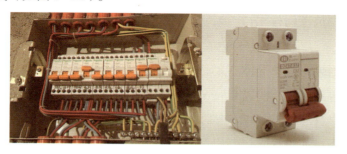

图3-20　强电箱及空气开关

空气开关是一种开关，当电路中的电流超过一定值时，它会自动断开，以保护电路和电气设备的安全。这种开关通常安装在电路的主干线上，以便在需要时快速切断电源。空气开关的主要作用是保护电路和电气设备的安全。当电路中的电流过大或发生短路时，空气开关会自动断开，以避免电流过大或短路引起的火灾风险。此外，空气开关还可以用于过载保护，当电路中的用电设备长时间处于高负荷状态时，空气开关会自动断开，以避免设备过热损坏。

空气开关按照极数可以分为单极、二极、三极和四极空气开关。极数代表开关触点的对数，即每个开关可以分开的独立触点对数。一般来说，极数越多，开关断开的能力就越强，电路的安全性也就越高。

2. 电线

电线是室内强电改造中常用的材料之一。它们通常由铜或铝制成，用于传输电流。在选择电线时，需要考虑其规格和绝缘材料的质量。合适的规格可以保证电力的稳定传输，而高质量的绝缘材料可以防止电流泄漏和短路。根据使用场合和电压等级的不同，电线可以分为多种类型，如 BV 线、BVV 线、RV 线、RVV 线等。B 代表类别为硬芯，R 代表类别为软芯，V 代表绝缘材料为聚氯乙烯，在室内空间装饰工程中常用 BV 和 RV 电线，如照明、电源插座等。在选择电线时，需要注意其绝缘厚度、导体截面积、耐温等级、电压偏差等指标。

（1）BV 线。聚氯乙烯绝缘铜芯线，单芯硬线，单层绝缘（如图 3-21）。

（2）BVV 线。聚氯乙烯绝缘铜芯线，单芯硬线，双层绝缘（如图 3-22）。

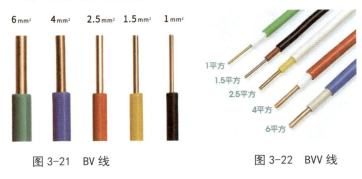

图 3-21　BV 线　　　　　　图 3-22　BVV 线

（3）RV 线。聚氯乙烯绝缘铜芯线，软芯线，单层绝缘（如图 3-23）。

（4）RVV 线。聚氯乙烯绝缘铜芯线，软芯线，双层绝缘（如图 3-24）。

按照电工标准额定电流计算，每平方毫米铜线安全电流为 6 A，额定 220 V 电压在常温环境下，不同截面面积的电线所能承受的最大功率是不一样的，比如 4 mm² 的阻燃电线最大功率的计算方式为：安全电流×额定电压×电线截面面积，即：6×220×4=5 280（W）。因此对于电线粗细的选择，需要考虑空间电器的使用功率，以确保用电安全。

图 3-23　RV 线　　　　　　图 3-24　RVV 两芯电线

3. 线管及管件

线管及管件是用来保护电线的材料，通常由金属或塑料制成（如图 3-25）。根据不同的使用环境，可以选择不同的线管类型，如钢管、硬塑料管、半硬塑料管等。线管的作用是保护电线不受损坏，同时方便安装和维修。常用线管直径为 16 mm、20 mm。管件主要有排卡、锁扣、过线盒等。常用管材颜色为红色、蓝色、白色，施工过程中通过线管颜色来区分管内线为强电线还是弱电线。

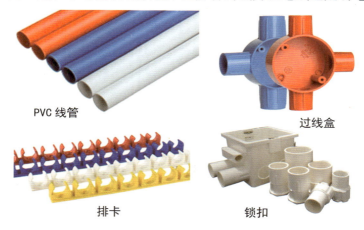

PVC 线管　　　　　　　　　　　过线盒

排卡　　　　　　　　　　锁扣

图 3-25　线管及管件

4. 开关面板

开关面板是家庭和企业办公环境中常见的电子设备，用于控制各种电源、照明和电器设备。开关面板通常安装在墙壁上，方便用户在不需要使用电器时关闭电源，从而节省电力和减少能源浪费。开关面板的类型如下。

（1）按结构分，有按钮开关、钮子开关、按键开关、薄膜开关、滑动开关等（如图 3-26）。

图 3-26 各类开关

（2）按按键数量分，有单键、双键和多键开关。常规开关按键数量一般一个面板上最多 4 个按键为宜（如图 3-27）。

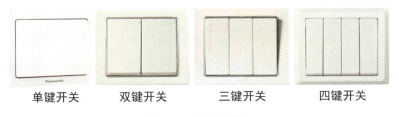

图 3-27 开关面板

（3）按控制方式，分为单控开关和双控开关（如图 3-28）。单控开关可以单独单方向控制同一回路的灯具，双控开关可以从两个不同方向或位置控制同一个回路的灯具。双控开关相比单控开关来说，在使用上更加方便，符合人性化设计，比如卧室主灯采用双控开关，既在门口可以开启或关闭主灯，也可以在床头开启或关闭主灯。双控开关可以替代单控开关，但是，单控开关不能替代双控开关。

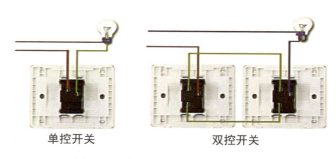

单控开关　　　　　　　双控开关

图 3-28　单控开关、双控开关示意图

（4）中途开关，常用于从多个不同开关位置控制同一个回路的灯具，常用于过道、楼梯和卧室，比如卧室主灯可以采用"三控一灯"的方式进行控制，既在门口可以开启或关闭主灯，也可以分别在床头的两边开启或关闭主灯。这种设计布局，更好地满足使用需求，体现人性化设计理念。需要注意的是，一个中途开关面板只有一个按键，因此，中途开关需独立占用一个底盒，同时中途开关的使用可以依据空间照明需求来设置，不受数量限制（如图 3-29）。

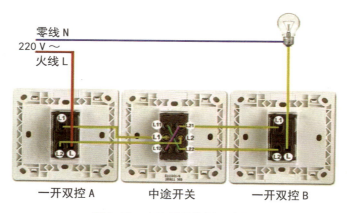

一开双控 A　　　　　中途开关　　　　　一开双控 B

图 3-29　中途开关使用示意图

5. 插座面板

插座面板是一种电气设备，通常安装在墙壁上。它们通常由塑料或金属制成，具有不同的尺寸和类型，如两孔插座、三孔插座、五孔插座、USB 插座、电脑插座、电视网络插座、AP 面板等，以满足不同电器的需求（如图 3-30）。

三孔插座	五孔带开插座	USB 插座
电脑插座	电视网络插座	AP 面板

图 3-30 插座面板

插座面板安装和使用时的注意事项如下。

（1）确保安装位置的墙壁是坚固的，能承受插座面板和电器设备的重量。

（2）安装前检查插座面板是否完好，避免使用损坏或有裂纹的面板。

（3）安装时，确保电线连接正确且牢固，符合安全标准。

（4）使用插座时，电器设备与插座应匹配，避免超负荷使用，以免引起火灾。

（5）定期检查插座面板和电器设备是否正常工作，如有异常，需要及时维修或更换。

在选择室内强电改造材料时，应该考虑材料质量，以及材料与整个电路系统是否匹配。同时，还应该考虑材料的环保性和可回收性，以降低对环境的影响。总之，选择合适的强电改造材料是保证室内电力系统安全的关键之一。

3.2.2 强电改造施工工艺

强电施工工艺是电力工程施工中的一项重要技术，它涉及电气设备的安装、电缆的铺设、线路的连接等多个环节。其具体施工流程及施工技术要点如下。

（1）准备工作。在开始施工前，需要做好充分的准备工作，包括图纸的审查、设备的准备、材料的采购等。同时，还需要对施工人员进行培训，确保他们了解施工要求和安全规范，并依据施工图纸进行现场定位（如图 3-31）。

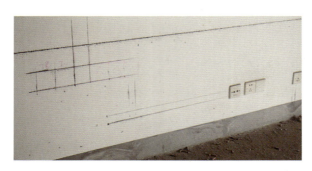

图 3-31　现场定位

（2）开槽。深度应一致，深度一般为 PVC 线管直径再加 10 mm 为宜。开槽以不破坏原建筑墙体内部的钢筋为宜（如图 3-32）。

（3）埋底盒。根据之前的定位，预埋底盒，常用底盒规格为 86 型。底盒之间应用卡扣连接，保持水平。空间中同一高度的底盒应保持在同一水平线上（如图 3-33）。同时，底盒连接线管口处需用与线管直径匹配的锁扣配件，便于后续连接线管。

图 3-32　开槽

图 3-33　埋底盒及水平检查

（4）布管。暗线敷设必须配阻燃 PVC 管，一般采用管径为 SG16 管或 SG20 管的红色线管，按"横平竖直"的原则进行布管（如图3-34）。具体施工要求为：①当管线长度超过15 m或有两个直角弯时，应增设拉线盒。天棚上的灯具位设拉线盒固定。②PVC管应用管卡固定。PVC管接头均用配套接头，用PVC胶水粘牢，弯头均用弹簧弯曲。暗盒、拉线盒与PVC管用螺接固定。③对于较为复杂的照明设计图或卫生间、厨房，预留空管，以为后期临时变更灯具或增加电器预留穿线管。

（5）穿线。电源线配线时，所用导线截面积应满足用电设备的最大输出功率。一般情况下，照明控制线采用1.5 mm²的电线，插座采用2.5 mm²的电线，空调、卫生间及厨房采用4 mm²的电线，特殊设备可以采用6 mm²的电线。具体施工要求为：①空调、卫生间及厨房需要采用单独回路，直接进入强电箱。②同一回路电线应穿入同一根管内，但管内电线总截面积（包括绝缘外皮）最大不能超过线管截面积的60%（如图3-35）。这样做是为了方便给电线预留足够空间散热。③电源线与通信线不得穿入同一根管内。

图3-34　"横平竖直"的布管原则

图3-35　电线穿管

（6）线头套波纹管或黄腊管。所有灯具点位的预留线头或电线无法穿管的地方需要套波纹管或黄腊管，以免后续相关工种施工过程中破坏电线绝缘体，这样做也有利于延长电线的使用寿命（如图3-36）。带电线头使用电胶布进行包裹，所有底盒中的电线应卷入底盒之中。

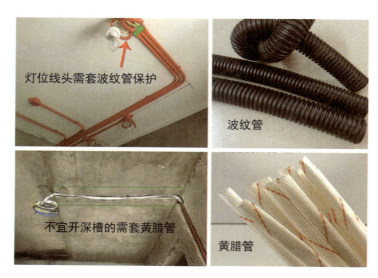

图 3-36　线头套波纹管或黄腊管

　　每个空间预留足够的临时施工照明及设备用电点位，并接好开关及插座面板，以便后续施工用电及保证用电安全。

　　施工完成后，线管槽需要用水泥、砂子填补严实，不得高出原建筑墙面。所有底盒需要采用配套的底盒盖板保护，防止在日后施工过程中堆积杂质（如图3-37）。

图 3-37　封线管及底盒保护

　　总之，强电施工工艺需要按照图纸要求进行操作，以确保施工质量。因此，我们需要较为规范和清晰地将设计要求通过施工图纸表达出来，以便施工人员能够快速地理解和把握设计要求，特别是在灯光控制、插座布局上能够较好地按照设计要求施工。同时，还需要注意施工人员的培训和管理，确保他们了解施工要求和安全规范。因此，我们在绘制灯光控制施工图时，需要尽可能地将单控、双控或多控方式表达清晰，甚至可以在控制线上利用阿拉伯数字进行编号，加快施工人员的识图速度，例如图3-38中的2号控制线路，由3个不同位置的开关面板控制同一回路的过道灯，这样的表达方式有利于确保施工过程中不出现错误（如图 3-38）。

施工图中关于开关面板的表示图例，可以依据喜好选择相应的图例（如表 3-1）。图标中的"联"是指同一个开关面板上有几个开关按键。双联是指面板上有 2 个开关按键，三联是指面板上有 3 个开关按键。"控"是指开关按钮的控制方式，分为单控、双控或多控。单控是指单向控制，双控是指双向控制，多控是指多个方向控制。单联单控是指由一个控制开关单向控制一个回路的灯。一个回路的灯可以是单个，也可以是多个。单联双控是指由一个控制开关双向控制一个回路的灯。单联多控是指由一个控制开关多个方向控制一个回路的灯。

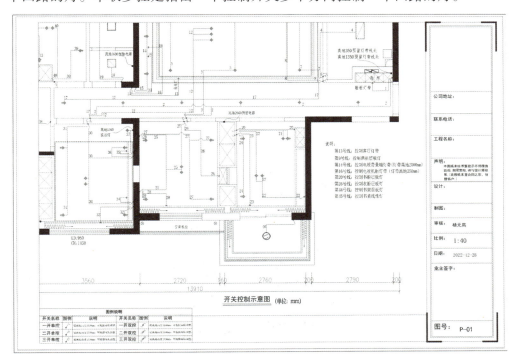

图 3-38　开关控制示意图

表 3-1　开关面板图例表

编号	平面图例	立面图例	说明	高度（mm）	备注
01			单联单控开关	1350	高度可根据实际调整
02			双联单控开关	1350	高度可根据实际调整
03			三联单控开关	1350	高度可根据实际调整
04			四联单控开关	1350	高度可根据实际调整
05			单联双控开关	1350	高度可根据实际调整
06			双联双控开关	1350	高度可根据实际调整
07			空调面板	1350	高度可根据实际调整
08			浴霸集成开关	1350	高度可根据实际调整

3.2.3 弱电改造材料

室内弱电是指在室内环境中，利用电线、电缆、光缆等传输信息、电能等的电子设备。这些设备通常用于家庭、办公室、商业场所等室内环境中，以实现智能化、自动化和高效化的设施管理。室内弱电系统通常包括电话线、网线、有线电视线、音响设备、视频设备、照明控制设备等。这些设备通过弱电线路传输电能、信息及控制信号，实现了不同设备的联动和控制，从而提高了设施的使用效率。

室内弱电材料是用于构建和连接室内弱电系统的各种材料的总称，是现代建筑领域不可或缺的一部分，它负责传输各种信号，是现代家居和办公环境中不可或缺的一部分。

1. 网线

网线是家庭和企业办公环境中常用的传输网络信号的线材。常见的有八芯线，可以传输数据、语音和视频（如图 3-40）。

图 3-40　网线

室内装饰工程中常用的网线依据网络传播速率分，主要有五类网线、超五类网线和六类网线。其主要区别如下。

（1）产品标识不同。五类网线外皮会标注"CAT5"的字样，超五类网线外皮会标注"CAT5e"的字样，六类网线外皮会标注"CAT6"的字样。

（2）传播速率不同。五类网线传输带宽为 100 MHz，用于语音传输和最高传输速率为 100 MHz 的数据传输。超五类网线传输带宽可高达 1 000 MHz，只实现桌面交换机到计算机的连接。六类网线主要用于千兆网络中，传输性能远远高于超五类线标准。

（3）内部结构不同。六类网线内部结构增加了十字骨架，将双绞线的 4 对线缆分别置于十字骨架的 4 个凹槽内。五类网线内部结构则没有骨架。

（4）铜芯粗细不一样。五类网线铜芯粗细在 0.45 mm 以下，超五类网线铜芯粗细在 0.45 ～ 0.51 mm，六类网线标准的铜芯粗细在 0.56 ～ 0.58 mm。

2. 电视线

电视线是用于传输电视信号的线路（如图 3-41）。它通常由铜线或光纤等材料制成。电视线的作用是将电视台发出的电视信号转换为可以在电视机中显示的图像和声音。随着科技的不断发展，电视机越来越智能，电视线逐步被网线所替代，一根网线就可以解决观看电视直播、网络电视等相关问题。

图 3-41　电视线

3. 光纤

光纤是现代通信网络的重要组成部分，用于高速数据传输。光纤内部由玻璃纤维组成，外部由保护层包裹。光纤可以提供高速、低延迟的网络连接，因此在现代办公和家庭环境中越来越受欢迎（如图 3-42）。

图 3-42　光纤

除了以上提到的材料，还有一些常用的弱电材料，如连接器、插座、配线架等。这些材料在家庭和办公室环境中都发挥着重要的作用，确保了弱电信号的稳定传输。

3.2.4 弱电改造施工工艺

1. 弱电并联布线方式

家庭弱电布线绝大部分都是采用"星形拓扑布线"的方式，即采用并联方式，集中汇聚到弱电箱中实行集中管理。这是对过去"总线拓扑结构"的代替，并联强调每条线路都是独立的，这样能够避免单点故障导致整个系统的瘫痪，也方便对单条线路进行拓展。同时依据室内空间网络终端数量及网线数量确定弱电箱尺寸的大小，由于弱电箱中有路由器、光猫等电子设备，其在运行过程中会散发热量，如果弱电箱尺寸过小，空间散热不好，容易影响网络速度，甚至出现断网（如图 3-43）。

图 3-43 弱电箱

2. 确定线路终端点位

与强电施工流程一样，弱电施工前，首先需要根据弱电布线设计图纸，结合墙上的点位示意图，用铅笔、直尺或墨斗将各点位处的暗盒位置标注出来。除特殊要求外，暗盒的高度应与强电插座保持一致。

3. 确定走线并开槽

根据终端点位，确定开槽路线。确定走线时需遵循路线最短原则、不破坏原有强电原则及不破坏防水原则。根据弱电线的多少确定线管的数量及弱电箱大小。线槽的深度一般比线管直径多5 mm左右。用切割机沿着弹好的墨线在墙面、地面上切出线槽，线管一般采用蓝色管，遵循"横平竖直"的布管原则（如图3-44）。与强电平行距离不小于200 mm，当弱电与强电必须交叉时，强电线管和弱电线管交叉处必须采用锡箔纸包裹，以尽量降低强电对弱电信号的干扰（如图3-45）。

图 3-44　弱电布管

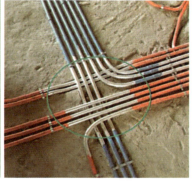

图 3-45　强电、弱电交叉工艺

4. 穿线封槽

所有弱电线必须穿管敷设，因此首先需要铺装线管，然后再穿线。特别需要注意的是，如果室内空间采用无线 AP 面板进行 Wi-Fi 全覆盖，电视机与无线 AP 面板不能共用一根网线，这是因为连接电视机的网线不带电，而连接无线 AP 面板的网线带电，因此需要分别布置一根网线。最后采用水泥砂浆进行封槽，封槽高度以不高于原建筑墙面、地面为宜。

弱电线路布局需要遵循一定的设计和布局原则，以保证弱电线路的稳定和安全。在室内环境中，常见的弱电线路布局包括铺设线路管道、安装网络面板和确定交换机的位置等。

总之，室内弱电施工工艺需要考虑安全、美观、方便、稳定和可靠，以保证施工的质量和效果。同时，施工团队应该具备相应的技能和经验，以保证施工的顺利进行。

3.2.5 强、弱电改造施工质量验收

强电、弱电改造施工质量验收是确保工程质量和安全的关键环节，严格执行验收标准、规范实施验收流程及科学合理应用验收方法，将有助于提高施工质量，保障用户用电安全。同时，施工单位应加强内部管理，提高施工人员的技能水平，确保施工质量达到预期标准。施工完成后，我们需要从以下几个方面进行质量验收。

（1）强电、弱电施工过程中使用的材料是否符合质量要求。

（2）电路排布是否合理，管线是否遵循"横平竖直"的铺设原则。强电、弱电线管交叉处是否均采用锡箔纸进行包裹。强电、弱电线管之间的平行间距不少于 200 mm。

（3）空调、厨房、卫生间是否分别单独采用一个回路，冰箱专线是否直接进入强电箱空气开关。

（4）开关、插座位置是否合理，同一高度的开关或插座是否在同一水平线上。无特殊要求，同一空间内开关应在离地面完成面 1 350 mm、距离门边 100～150 mm 处，插座离地 350 mm 左右。插座布局的基本原则是"宁多勿缺"。

（5）每根强电线管内所穿电线数量是否符合规范要求，预留线头是否采用波纹管或黄腊管进行保护。

（6）预留施工用电是否符合施工现场需求，临时使用的开关插座是否安装规范。

（7）强电、弱电线管固定是否牢固，线管槽修补是否合格，底盒是否采用保护盖板。

【本章课后思考】

（1）水管走顶和水管走地的优缺点是什么？

（2）某住宅装饰工程项目验收通过后，客户在卫生间使用某一家用电器时，突然出现电箱卫生间回路空开跳闸，试分析原因并提出解决办法。

4　泥水装饰工程

4.1 防水材料及施工工艺

4.1.1 常用防水材料

在室内装修中，防水材料是非常重要的。防水材料可以防止水分渗透到建筑物的内部，从而保护建筑物的结构和内部设施免受损坏。市场上的防水材料有数百种之多，而在装饰工程项目中常用的防水材料主要有聚氨酯类、丙烯酸类、聚合物水泥类和聚乙烯丙纶复合类。

（1）聚氨酯类。聚氨酯类防水材料是一种常用的、综合性能好的防水涂料，其涂膜坚韧、拉伸强度高，具有优良的防水性能、耐候性和耐化学品性（如图4-1）。它是由含有聚氨酯的预聚物组成的，可以与各种基材很好地结合，形成一层坚韧的防水薄膜。其主要用于建筑物的防水工程、地下工程的防水工程、水池和水箱等设施的防水工程，以及各种需要防水的场所和设施。

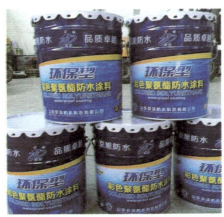

图 4-1　聚氨酯类防水材料

（2）丙烯酸类。丙烯酸类防水材料是一种常用的防水材料。主要成分是丙烯酸共聚物（如图4-2）。它具有优良的耐候性、耐腐蚀性、耐酸碱性和耐高温性，可以在各种环境下保持良好的防水性能，通常用于建筑物的防水工程，如屋顶、外墙、地下室等。它可以形成一层坚韧的防水薄膜，有效地防止水分渗透和侵蚀。这种材料使用寿命长，维护成本低，因此在建筑行业得到了广泛的应用。

图 4-2　丙烯酸类防水材料

（3）聚合物水泥类防水材料又称 JS 防水涂料，是一种广泛应用于防水工程中的材料（如图 4-3），由聚合物乳液和水泥浆两种主要成分组成，这两种成分经过混合和搅拌后，形成一种均匀的浆体，具有很强的防水性能。该类材料环保、无毒无味，透气性好，与基面黏结牢固，干燥比较快。通常，在施工前用 JS 防水涂料来处理基层，以确保基层平整、干燥且无油污。然后，将聚合物乳液和水泥浆按照一定的比例混合，并均匀地涂抹在基层上。涂抹完成后，需要等待一段时间让涂料完全干燥，然后再进行后续施工。

图 4-3　聚合物水泥类防水材料

（4）聚乙烯丙纶复合类防水材料又称防水卷材，是根据我国现代防水工程对防水、防渗材料的新要求而研制的一种新型防水材料，主要采用聚乙烯和丙纶布两种原料，利用高科技、新技术、新工艺复合而成的一种多层一体的高分子聚乙烯丙纶复合防水卷材（如图4-4）。适用于各种建筑物的防水工程，如卫生间、厨房、阳台等；防水性能好，耐腐蚀性强，施工方便，是一种绿色环保防水材料。

图4-4　聚乙烯丙纶复合类防水材料

防水材料是建筑领域中不可或缺的建筑材料，选择合适的防水材料并正确施工是保证防水效果的关键。因此，在选择防水材料时，需要充分了解防水材料性能、适用范围、施工方法等，并由专业人员按照规范进行施工，确保防水效果。同时，防水材料的质量也是关键影响因素，需要选择正规品牌和厂家，确保防水材料的质量是可靠的。

4.1.2　防水施工工艺

防水施工是室内装饰工程施工中至关重要的一道工序，在很多装饰工程项目中，因为防水没有做好，导致水分渗到相邻的房间，甚至会渗漏到楼下，给自己和邻居造成损失。因此，需要保证防水施工质量。防水施工工艺及注意事项如下。

（1）基层清理。在进行防水施工前，需要确保厨房、阳台基层表面的清洁和干燥。如果有任何污渍或油渍，需要先进行清理。可以使用洗涤剂或清洁剂来清洁基层表面，但要确保不要对基层表面造成损害。

（2）基层找平。首先对厨房、阳台、卫生间的标高进行复核，特别注意地漏的标高位置一定要正确。若基面有空隙、裂缝、不平等缺陷，需要用水泥砂浆修补并抹平（如图4-5）。总之，基面必须坚固、平整、干净，无灰尘、油腻、蜡、脱模剂及其他碎屑物质。找平层厚度一般30 mm即可。

图4-5　修补及找平

（3）涂刷防水涂料。首先，在阴阳角、管道与地面接口处涂刷防水材料。其次，待防水材料干燥后，在地面大面积涂刷防水材料，一般需要涂刷两遍，待第一遍防水干燥后，再与第一遍呈90度方向涂刷第二遍（如图4-6）。

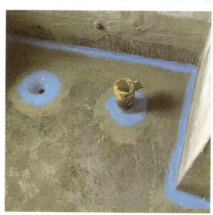

图4-6　涂刷防水材料

（4）返墙高度。厨房、阳台地面防水的返墙高度不低于300 mm，与地面涂刷防水涂料时一次成型。若卫生间采用干湿分区，淋浴间的墙面防水涂刷高度不低于1 800 mm，洗漱台区的墙面防水涂刷高度不低于1 100 mm。未进行干湿分区的卫生间，墙面涂刷防水材料的高度均不低于1 800 mm。门槛石内侧面同样需要涂刷防水材料，以防积水渗过门槛而使临近墙面出现返碱、返潮现象。因此，在涂刷防水材料之前，需要先将门槛石铺设好，如果地面瓷砖采用通铺方式而不设置门槛石，则需要在门槛处先设置挡水条，并涂刷防水材料（如图4-7）。

图 4-7　墙面涂刷防水材料及涂刷防水材料前对门槛的处理

4.1.3 卫生间沉箱回填工艺

卫生间沉箱回填是一个重要的装修步骤，它涉及将填充物填入卫生间下方的沉箱中。沉箱是卫生间地面下的一个空间，通常用于存放排水管道和防水层。回填的目的是保护防水层和排水管道，并确保卫生间地面的平整和稳定。在选择回填材料时，需要考虑其重量、防水性能和排水性能。常用的回填材料包括建筑垃圾、陶粒、发泡水泥等。

（1）建筑垃圾回填。这是一种在建筑施工过程中，将废弃的砖块、混凝土块等建筑施工垃圾处理后，作为回填材料进行卫生间沉箱回填的处理方式（如图4-8）。

这是以前最常用的一种回填方式，施工成本较低，但存在以下缺点：①加重卫生间地面的承重负荷，甚至会导致楼板坍塌。②垃圾有很多尖角，容易破坏防水层及管道。③碎石间有空隙，容易造成卫生间找平层出现断层现象。④建筑垃圾回填过程中，必然存在很多的灰尘及砂石，随着时间慢慢变长，灰尘和砂石容易堵塞二次排水。

图 4-8　建筑垃圾回填

（2）陶粒回填。陶粒是一种在回转窑中经发泡生产的轻骨料（如图 4-9）。它具有球状的外形，表面光滑而坚硬，内部呈蜂窝状，由于陶粒密度小，内部多孔，形态、成分较均一，且具一定强度和坚固性，具有密度低、孔隙率高、轻质性等特点，通常用于填充和回填各种空间。

陶粒回填是当下较为常见的一种回填方式，但其本身承重力有所欠缺，因此在施工过程中，可以采用红砖砌筑"米"字格，以便增加回填层的承重力，防止铺贴层出现下沉（如图 4-10）。

图 4-9　陶粒

图 4-10　陶粒回填

陶粒作为回填材料，具有以下优点：①具有良好的隔热保温性能，可以减少能源的消耗和浪费。②极大减轻楼板承重负荷。由于陶粒具有轻质性，它可以有效减轻卫生间地面的承重压力。③陶粒的内部多孔结构使其具有良好的吸音降噪性能，有助于减少室内噪声污染。④具有良好的防潮、防霉性能。陶粒的透气性使其能够有效地防止潮湿和霉菌，保持空间的干燥。

（3）发泡水泥回填。发泡水泥是一种具有高膨胀性能的建筑材料，通常用于制造轻质混凝土。它是由水泥、水和发泡剂等原料混合而成，经过发泡剂充分发泡后，形成一种高密度、高弹性的多孔混凝土。常用于填充各种空间，如卫生间、厨房、地下室，以及地面和墙体之间的空隙，以增加结构的稳定性（如图4-11）。该回填方式施工时间短，具有整体性、轻质性和耐久性等特点。

图 4-11　发泡水泥回填

然而，发泡水泥回填也存在一些缺点：①由于发泡水泥是一种多孔混凝土，因此容易受水和潮气的影响，可能会出现变形和开裂的问题。②如果施工不当，也可能会出现填充不均匀、厚度不均等问题，影响空间的使用效果。③施工成本较高。

4.1.4 卫生间沉箱架空工艺

最好的防水就是具有良好的排水系统。装饰工程项目中，之所以发生渗水漏水现象，主要是因为仅单纯地依靠防水材料，没有设置良好的排水系统，特别是卫生间，因为是用水量较大的区域，一旦防水层出现问题，沉箱积水又无法外排，久而久之就会发生渗漏，维修成本也很高。结合前文所述的几种回填方式的优缺点，为达到最佳防水效果，减轻楼板的负荷和降低施工成本，沉箱式卫生间地面可采用架空式的创新方法进行回填。

卫生间沉箱架空原理就是在完成的二级排水（暗排）基础上，采用红砖作为支撑结构，利用瓷砖模板加钢筋现浇混凝土做找平层，使二级排水与找平铺贴层之间形成一个留空空间，并在找平层上涂刷防水材料后再铺贴瓷砖的工艺（如图4-12）。其优点是大大减轻了卫生间楼板承重负荷，确保二级排水不受阻碍，能快速将积水排出；同时由于用于倒模的模板可以使用商家废弃的瓷砖，大大降低了施工成本。具体施工流程及要点如下。

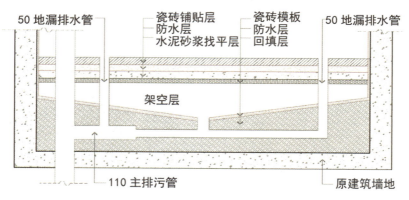

图 4-12 沉箱架空工艺图

（1）基层处理。清理卫生间原基础地面的砂石、渣土等。建筑原来所做的防水已经破损或起皮，需要清理干净。

（2）设置暗排。采用专用的排水配件，通过 20 mm PVC 管从空间中心位置牵引到建筑主排污管上，并采用水泥砂浆从四周向暗排口以放坡形式进行抹烫，以使积水能快速排放到主污管里（如图4-13）。待水泥砂浆硬化后，涂刷防水材料，返墙高度离地面完成面不小于 300 mm（如图4-14）。

图 4-13 安置暗排配件

图 4-14 涂刷防水涂料

（3）回填。采用陶粒回填。回填层需要盖住全部的排水管道，并在相应位置设置支撑点，依旧采取从四周向二次排水口设置排水坡度的方式，并对回填层涂刷防水材料（如图 4-15）。

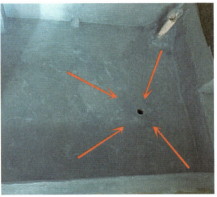

图 4-15 回填及涂刷防水材料

（4）架空。对二次排水层进行架空处理。依据用来倒模的瓷砖尺寸，砌筑支撑柱，确保每块瓷砖的四周及中心位置均有支撑柱进行支撑。然后，在上面铺设直径不小于 8 mm 的钢筋，间距不大于 200 mm 的钢筋网，最后填水泥砂浆并进行找平（如图 4-16）。

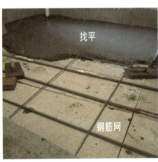

架空施工　　　　　　铺设钢筋及找平　　　　　　架空内部效果

图 4-16 架空工艺

待架空找平层硬化后涂刷防水材料，然后再铺贴地面瓷砖。通过这样的方式进行卫生间沉箱处理，有 3 道防水，其中架空层在整个排水系统中起到了至关重要的作用，就算最上面的一层防水出现问题，水通过砖缝流到架空层，也会顺着二次排水口直接排走，而不会沉积在沉箱之中。这种施工工艺结合防水材料能使防水效果达到最佳。

4.1.5 防水施工质量验收

防水施工质量验收是确保防水工程达到预期效果的重要步骤。在验收过程中，应关注基层处理、防水材料涂刷、保护层施工、闭水试验等关键环节，并注意其他相关注意事项，以确保防水工程的施工质量达到合格标准。

（1）防水材料应按照产品说明书的配比要求进行搅拌，并在规定时间内用完。防水材料涂刷过程中，涂刷要均匀，要做到不漏刷、不起泡、不起皮、无砂眼等（如图4-17）。

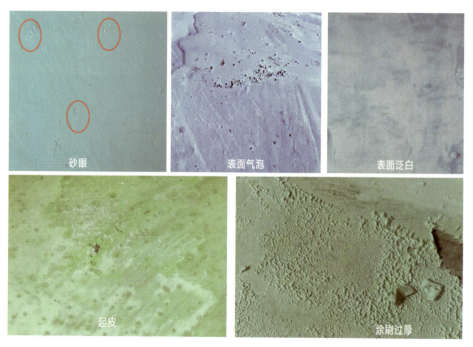

图4-17　防水层质量检查内容

（2）干燥的墙面可以先洒水湿润，若墙面太干，防水材料会因涂刷不畅出现涂刷过厚的情况；墙面太湿则易使防水层泛白。

（3）地面水管或排水管不得裸露在地面之上。地面有管道时，均需要用水泥砂浆进行找平。

（4）闭水试验。防水施工完成后，需要进行闭水试验（如图4-18）。蓄水深度应不小于20 mm，应观察楼下顶面是否有水渍，如果没有水渍表示防水合格。如发现渗漏问题，应及时进行修补，直至达到合格标准。

图4-18　闭水试验

4.2　陶瓷砖材料及铺贴工艺

陶瓷砖是一种由黏土或其他无机非金属原料制成的建筑材料，通常用于地面、墙面和天花板等区域。它具有耐磨、防水、防火、防腐等优点，同时还有各种颜色和图案可供选择，因此被广泛用于建筑装饰工程、室内装修工程、园林景观工程等多个领域。在建筑装饰工程中，陶瓷砖可以用于地面、墙面和天花板等区域，起装饰和保护的作用；在室内装修工程中，陶瓷砖可以用于卫生间、厨房、客厅等多个区域；在园林景观工程中，陶瓷砖可以用于花坛、广场、道路等场所。

4.2.1　陶瓷砖材料

陶瓷砖的种类繁多，可以根据不同的分类标准进行分类。按照用途可以分为地面砖、室内墙面砖、室外墙砖等；按照制造工艺可以分为釉面砖、通体砖、抛光砖、玻化砖、陶瓷马赛克等；按照形状可以分为方形砖、圆形砖、异形砖等；按照颜色和图案可以分为单色砖、多彩砖、印花砖等。陶瓷砖具有以下特点。

（1）美观。具有多种颜色、纹理和图案，可以创造出丰富多彩的装饰效果。

（2）耐用。具有耐久性，在一定程度上能够抵抗磨损和化学物质的侵蚀。

（3）易于清洁。表面光滑，易于清洁。

1. 釉面砖

釉面砖是一种常见的建筑材料，通常用于室内卫生间、厨房墙面（如图4-19）。其由陶瓷制成，表面覆盖着一层釉，这使得它具有光泽和防水性。釉面砖有多种颜色和尺寸可供选择，因此可以适应各种不同的装饰风格。釉面砖的特点之一是耐用。由于表面覆盖了一层釉，因此不容易被划伤和磨损。釉面砖是由陶瓷制成的，具有一定的抗压强度，表面光滑，易于清洁，常见规格有300 mm×300 mm、300 mm×600 mm、400 mm×800 mm 等。

图 4-19　釉面砖

（1）基于原材料的不同，釉面砖可分为两种。

①陶制釉面砖，即由陶土烧制而成，吸水率较高，强度相对较低，主要特征是背面颜色为红色。

②瓷制釉面砖，即由瓷土烧制而成，吸水率较低，强度相对较高，主要特征是背面颜色为灰白色。

（2）釉面砖根据釉面光泽的不同，还可以分为两种。

①亮光釉面砖。

②哑光釉面砖。

2. 通体砖

通体砖是一种常见的建筑材料，通体砖表面不上釉，其正面和反面的材质和色泽一致，通常用于地面和墙面（如图4-20）。通体砖具有高耐磨性、防滑性和美观性。

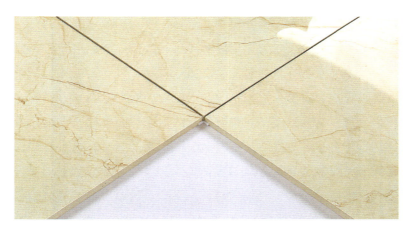

图 4-20　通体砖

通体砖的常见规格有 300 mm×300 mm、600 mm×600 mm、600 mm×1 200 mm、750 mm×1 500 mm 等。其特点如下。

（1）高耐磨性。通体砖表面经过特殊处理，具有很高的耐磨性，适用于走廊和卫生间地面。

（2）防滑性。通体砖的表面通常有不同的纹理，这使得它们具有很好的防滑性能，尤其适用于浴室和厨房等易滑区域。

（3）美观性。通体砖有多种颜色和图案可供选择，可以满足不同装修风格的需求。

3. 抛光砖

抛光砖的制作过程是将岩石或陶瓷原料经过粉碎、成型、烧结等步骤，最终形成砖块。在抛光过程中，这些砖块会被精细打磨，以获得光滑的表面（如图4-21）。抛光砖的种类繁多，可以根据颜色、纹理、尺寸和用途进行分类。常见的颜色包括白色、灰色、红色和彩色等。纹理可以是自然形成的，也可以是人工刻印或印刷的。抛光砖的优点包括耐磨、防滑、防水等。抛光砖的缺点在于其表面经过抛光处理时，会留下凹凸气孔，这些气孔容易藏污纳垢。所以抛光砖耐污性能较差，油污等物较易渗入砖体，甚至一些茶水倒在抛光砖上都会造成不能擦除的污迹。同时，其价格相对较高，而且需要定期维护，如打蜡和抛光，以保持其光泽和外观。

图 4-21 抛光砖

抛光砖可以进行任意切割、打磨，其常见规格尺寸有 400 mm×400 mm、500 mm×500 mm、600 mm×600 mm、800 mm×800 mm、1 000 mm×1 000 mm 等。

4. 玻化砖

玻化砖是近年来的一种常见的新型装饰面砖材料，也被称为全瓷砖（如图 4-22）。玻化砖是在通体砖的基础上加玻璃纤维，再经过 3 次高温烧制而成，砖面与砖体通体一色，质地比抛光砖更硬、更耐磨，是瓷砖中最硬的一种。通常用于地面和墙面。玻化砖具有表面光滑、质地坚硬、色彩丰富、耐污和防滑性能。

图 4-22 玻化砖

干燥压制是生产玻化砖的主要工序，坯料通过机械压制成型，并在高温窑炉中烧制。烧制温度和时间因产品类型和设计而异，通常需要精确控制和监测。在烧制过程中，砖体逐渐变硬并形成玻璃质表面。在原料准备、成型、干燥、施釉、烧制和冷却等工序的加工过程中，每个步骤都需要严格控制温度和时间，以确保最终产品的质量和性能达到预期要求。玻化砖适用于室内外墙面与地面装饰工程项目。常见规格有 600 mm×600 mm、800 mm×800 mm、600 mm×1 200 mm、750 mm×1 500 mm 等。

5. 陶瓷马赛克

陶瓷马赛克是一种小型的陶瓷块（如图 4-23）。该种材料从古罗马时代就开始使用了，被广泛使用在建筑物的内外表面，可以增强视觉效果。其具有易于安装、高耐久性、防水、防潮、抗紫外线、防火和环保等性能。

图 4-23　陶瓷马赛克

陶瓷马赛克可以制作成各种不同的形状，有各种各样的颜色，可以与不同的建筑风格和设计相匹配。陶瓷马赛克在室内和室外都有广泛的应用。它们可以用于家庭装饰、商业场所、公共建筑、园林景观和艺术品等。陶瓷马赛克的多样性使得它成了一种多功能且实用的装饰材料，可以满足各种不同的设计需求。

总的来说，陶瓷砖是一种具有多种用途的建筑材料，既可以用于铺贴墙面和地面，也可以用于制作装饰性壁画和艺术品。在选择陶瓷砖时，需要根据自己的需求和环境条件进行考虑，选择适合的种类和品牌。在选购陶瓷砖时，可以从"看、掂、听、量、试" 5 个方面进行质量把关。

（1）看。主要看瓷砖表面是否有划痕、色斑、漏抛、漏磨、缺边、缺角等问题。查看底胚商标标记，正规厂家的产品商标清晰，如果没有或特别模糊，应慎选。

（2）掂。就是试手感，同一规格的产品，质量好、密度高的砖手感比较沉，反之，次品手感轻。

（3）听。敲击瓷砖，声音清脆的质量好，反之，质量一般或较差。

（4）量。玻化砖边长偏差在 ±1.0% 以内，釉面砖边长偏差在 ±0.5% 以内，抛光砖边长偏差≤1 mm 为宜。量对角线尺寸的最好方法是将一条很细的线拉直，沿对角线测量，看是否有偏差。

（5）试。一是拼试尺寸，将几片砖按照相同的方向拼在一起，看它们的接缝是否平直，拼角是否平整。二是在背面试水，吸水越慢或越不吸水，质量越好。

4.2.2 地面、墙面瓷砖铺贴工艺

地面、墙面瓷砖铺贴是一个需要细致和耐心的工作，需要充分考虑材料的选择、施工方法、质量控制等多个方面。只有做好充分的准备工作和严格保证施工质量，才能确保最终的装修效果符合预期。

1. 地面瓷砖铺贴工艺

（1）地面无地暖地砖铺设工艺流程：基层处理 → 排砖 → 试铺找方正 → 铺设瓷砖 → 勾缝与擦缝 → 成品保护。

①基层处理。在铺设瓷砖之前，需要清理地面，确保地面平整、无杂物，符合铺设瓷砖的要求。

②排砖。根据房间的尺寸和设计需求，测量和规划瓷砖的数量和布局。

③试铺找方正。根据设计要求和设计图纸，选择适合的瓷砖尺寸和颜色。采用标号为 325 的水泥和砂子，将它们按照 1∶3 的配比进行搅拌，干湿度以"手握成团，落地开花"为宜。取一块瓷砖试铺，并用平直尺和水平尺检查铺设是否平整、方正，厚度是否合适（如图 4-24）。

④铺设瓷砖。铺设厚度确定好后，将瓷砖重新拿起来放在支撑架上，背面朝上并抹满水泥浆，再将抹好水泥浆的瓷砖放在地面上进行铺设（如图 4-25），并使用橡皮锤敲打瓷砖，使之逐步平整。敲打时力度要适中，避免损坏瓷砖。

图 4-24　铺设第一块砖

图 4-25　铺设瓷砖

⑤勾缝与擦缝（如图 4-26）。瓷砖铺贴完成后，使用专业的擦缝工具（如棉布、海绵等）对瓷砖之间的缝隙进行清洁，去除多余的勾缝材料和灰尘，使瓷砖表面更加整洁。擦缝通常在勾缝干透后进行，需要注意不要损坏瓷砖表面。勾缝材料除了使用白水泥以外，还可以使用专用的填缝剂或美缝剂，但需要特别注意的是，如果采用美缝剂进行勾缝处理，瓷砖在铺设的过程中，砖缝需要保持在 1.5 ～ 2 mm。若砖缝太小，美缝剂压不实砖缝，后期容易脱落；若砖缝太大，效

果则不太美观。

图 4-26 勾缝与擦缝

⑥成品保护。瓷砖铺设完成后，需要采取一系列措施对成品进行保护，以避免后续施工过程中的施工工具、材料或其他物品对瓷砖造成损坏（如图 4-27）。成品保护工序不仅关系到瓷砖的美观和功能，还关系到整个装修工程的质量和效果，因此，需要对参与瓷砖铺设或安装的人员，进行成品保护的培训和管理，提高他们的成品保护意识和技能水平。

图 4-27 成品保护

成品保护材料通常使用 2 ～ 3 mm 厚的珍珠棉地膜。该材料通常由聚氯乙烯或聚乙烯制成，具有高强度和耐磨性。将珍珠棉地膜覆盖在瓷砖表面，可以防灰尘、污垢和水分，也可以防止硬物刮擦和磨损瓷砖表面。现在很多装饰公司都使用印有自己公司标识、名称的珍珠棉地膜，这样做不但起到了保护瓷砖的作用，也起到了提升公司形象的作用。当然，对于特殊施工环境，为了更好地保护地面瓷砖，也可以采用石膏板进行覆盖，保护效果更好，但是成本费用较高。

（2）地面有地暖地砖铺设工艺流程：基层处理 → 铺设地暖 → 水泥砂浆找平 → 试铺找方正 → 铺设瓷砖 → 勾缝与擦缝 → 成品保护。

①基层处理。在铺设地暖之前，需要清理地面，确保地面平整、无杂物，符合铺设地暖的要求。如果基层地面的平整度达不到铺设地暖的基本要求，则需要对基层进行找平处理，找平可采用水泥砂浆、发泡水泥等方式。

②铺设地暖（如图 4-28）。首先在地面上铺设保温层。保温层可以减少热量损失，提高供暖效率。常用的保温材料有保温板、保温棉等。然后根据安装方案，将管道铺设在地面上，并确保管道之间连接紧密、牢固。地暖管道铺设完成后，需要在室内入口处用模板铺设一条施工通道，方便施工人员进出施工现场。特别需要注意的是，此时的施工材料进入施工场地，只能通过人工徒手搬运，平板车不得进入施工现场，以免平板车轮子压坏地暖管。

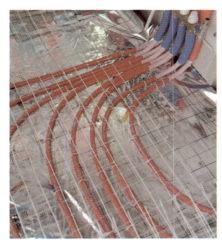

图 4-28　地暖铺设

③水泥砂浆找平。首先在开始找平之前，需要确定合适的厚度。一般来说，地暖管的铺设厚度应该在 3 ~ 5 cm，所以找平的厚度应该在这个范围内。其次，找平应该使用高质量的建筑材料，例如水泥、砂子和 05 石子（如图 4-29）。再次，找平层与墙体之间需要预留 8 mm 左右的伸缩缝。

05 石子　　　　　　　　　　　　　　　　05 石子 + 水泥

图 4-29　地暖找平使用的建筑材料

④试铺找方正。根据设计要求和设计图纸，选择适合的瓷砖尺寸和颜色。采用标号为 325 的水泥和砂子，将它们按照 1 : 3 的配比进行搅拌，干湿度以"手握成团，落地开花"为宜。取一块瓷砖试铺，并用平直尺和水平尺检查铺设是否平整、方正，厚度是否合适。

⑤铺设瓷砖。铺设厚度确定好后，将瓷砖重新拿起来放在支撑架上，背面朝上并抹满水泥浆，再将抹好水泥浆的瓷砖放在地面上进行铺设，并使用橡皮锤敲打瓷砖，使之逐步平整。敲打时力度要适中，避免损坏瓷砖。

⑥勾缝与擦缝。瓷砖铺贴完成后，使用专业的擦缝工具（如棉布、海绵等）对瓷砖之间的缝隙进行清洁，去除多余的勾缝材料和灰尘，使瓷砖表面更加整洁。擦缝通常在勾缝干透后进行，需要注意不要损坏瓷砖表面。勾缝材料除了使用白水泥以外，还可以使用专用的填缝剂或美缝剂，但需要特别注意的是，如果采用美缝剂进行勾缝处理，瓷砖在铺设的过程中，砖缝需要保持在 1.5 ~ 2 mm。若砖缝太小，美缝剂压不实砖缝，后期容易脱落；若砖缝太大，效果则不太美观。

⑦成品保护。瓷砖铺设完成后，需要采取一系列措施对成品进行保护，以避免后续施工过程中的施工工具、材料或其他物品对瓷砖造成损坏。成品保护工序不仅关系到瓷砖的美观和功能，还关系到整个装修工程的质量和效果，因此，需要对参与瓷砖铺设或安装的人员，进行成品保护的培训和管理，提高他们的成品保护意识和技能水平。

2.墙面瓷砖铺贴工艺

在墙面铺设瓷砖是家居装修中常见的一种装饰方式，它不仅美观，而且易于清洁。在铺设墙面瓷砖时，需要注意一些关键步骤和技巧，以确保最终的效果符合预期。

墙面瓷砖铺设工艺流程：基层处理 → 瓷砖浸泡 → 铺设瓷砖 → 阳角处理 → 勾缝与擦缝 → 贴水电标识。

（1）基层处理。确保墙面干净、平整，以利于瓷砖的铺设。可以使用水泥或其他填缝材料对墙面进行必要的修复。对于需要涂刷防水材料的位置，可以先采用拉毛界面剂进行拉毛处理，以便增加瓷砖黏合剂的黏度（如图4-30）。

图4-30　墙面拉毛处理

（2）瓷砖浸泡（如图4-31）。将需要浸泡的瓷砖放入水中，确保瓷砖完全被水覆盖。陶土瓷砖不需要浸泡，否则容易将水泥砂浆或瓷砖胶的水分快速吸走，使其硬化不均匀，容易造成空鼓。瓷砖吸满水分，能使水泥砂浆或瓷砖胶均匀干燥，瓷砖粘贴牢固。浸泡时间一般2小时为宜，瓷砖充分吸水后，取出阴干或擦净明水。需要注意的是，全瓷瓷砖不需要浸泡。

图 4-31　瓷砖浸泡

（3）铺设瓷砖。传统的墙面瓷砖铺设采用水泥砂浆作为黏合剂，现在较为普及的是采用瓷砖胶作为黏合剂进行铺设（如图 4-32）。瓷砖胶的特点是黏结力强、易于施工和具有良好的耐水性、耐候性等。瓷砖胶主要分为通用型和强力型。品牌有德高瓷砖胶、多帮瓷砖胶等，主要分为Ⅰ型和Ⅱ型，Ⅰ型是普通型，Ⅱ型是强化型，适用于涂刷防水胶的墙体，一包 20 kg 大约可以铺 1.26 m²。当然，不同的品牌，性能存在一定的差异，因此我们需要依据具体施工要求选择合适的瓷砖胶。

图 4-32　利用瓷砖胶铺设瓷砖

在现在的室内装饰工程中，为了均衡空间整体风格和提升视觉效果，墙面较为流行铺设大板瓷砖，大板瓷砖主要是指瓷砖的尺寸规格超过传统的常规尺寸，常见尺寸规格有 1 200 mm×600 mm、1 200 mm×900 mm、1 800 mm×900 mm 等。

这类瓷砖都是全瓷瓷砖，在铺贴之前不需要泡水，在施工过程中，需要注意以下几点施工细节。

① 需要对瓷砖背面进行清理或脱膜处理。瓷砖背面的脱模剂是一种常用的助剂，用于帮助生产商将瓷砖从模具中轻松取出。这种脱模剂通常是一种光滑的油性物质，可以在瓷砖表面形成一层薄膜，使其易于从模具上分离。然而，如果脱模剂处理不当，可能会影响瓷砖与水泥砂浆的黏结力，导致瓷砖空鼓、脱落等问题。铺贴前需要使用工具如毛刷或海绵，彻底清洁瓷砖背面，去除脱模剂和其他污垢（如图 4-33）。

图 4-33　去除瓷砖脱模剂及其他污垢

② 需要在瓷砖背面涂刷瓷砖背胶。瓷砖背胶是一种涂刷在瓷砖背部的高分子材料，类似于黏合剂。它的主要作用是增强瓷砖与基层的黏结力，防止瓷砖空鼓和脱落。在施工过程中，需要将背胶涂刷在瓷砖背部，待其干燥 2 小时后才能进行后续施工（如图 4-34）。

图 4-34　涂刷瓷砖背胶

③ 铺贴前需要在瓷砖背面开槽，预埋挂件或铜丝，并用云石胶粘牢（如图 4-35）。铺贴过程中，同时将挂件或铜丝用钢钉固定在墙面上，对瓷砖进行加固。从施工角度及日常使用角度来看，我们需要树立良好的施工安全意识并提升

专业素养。

图 4-35　瓷砖背面挂铜丝

（4）阳角处理。在墙面瓷砖铺贴过程中，需要注意阳角的处理。阳角如窗户边角、封管边角，易受碰撞、磨损。阳角瓷砖的处理方式主要有角线收口与碰角收口（如图 4-36）。

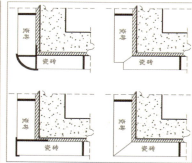

图 4-36　阳角处理方式

（5）勾缝与擦缝。瓷砖铺贴完成后，使用专业的擦缝工具（如棉布、海绵等）对瓷砖之间的缝隙进行清洁，去除多余的勾缝材料和灰尘，使瓷砖表面更加整洁。擦缝通常在勾缝干透后进行，需要注意不要损坏瓷砖表面。勾缝材料除了使用白水泥以外，还可以使用专用的填缝剂或美缝剂，但需要特别注意的是，如果采用美缝剂进行勾缝处理，瓷砖在铺设的过程中，砖缝需要保持在 1.5～2 mm。若砖缝太小，美缝剂压不实砖缝，后期容易脱落；若砖缝太大，效果则不太美观。

（6）贴水电标识（如图 4-37）。在瓷砖表面贴水电标识是一项重要的工作。其作用是便于在后续相关安装过程中能清楚水电位置及走向，以免安装对水电管线造成损坏。

图 4-37 贴水电标识

4.2.3 墙面、地面瓷砖施工质量验收

卷尺、垂直尺、水平尺、响鼓锤等可以用于测量瓷砖的尺寸、平整度、垂直度及是否空鼓等，以确保瓷砖的安装符合要求（如图 4-38）。

检查阴角　　　　　　　检查平整与垂直度　　　　　　检查空鼓

图 4-38 利用瓷砖检查工具验收施工质量

1. 墙面、地面瓷砖施工质量验收

（1）检查表面平整度。采用 2 m 长的铝条进行检查，砖面平整度误差应小于 2 mm，接缝高低误差应小于 0.5 mm。

（2）检查是否空鼓。整面墙砖的空鼓率小于 5% 为合格。

（3）检查砖面是否有破损、划痕。

（4）检查边角是否有崩边、缺角。

（5）检测瓷砖是否空鼓的检验方法：先观察，再用小锤轻击检查。即先观察瓷砖表面是否有破损、划痕，边角是否有掉边、缺角，瓷砖是否平整；然后用响鼓槌敲击瓷砖，空鼓声音脆，实心则沉闷。

2. 常见问题及解决办法

（1）空鼓脱落

主要原因：黏结材料质量差、砖块浸泡不充分、基层处理不干净、瓷砖本身不平整。

解决方法：基层一定要清理干净；铺贴前一定要把瓷砖放入水中浸泡2小时左右；黏结材料为瓷砖胶，其批荡厚度控制在7～20 mm，不宜过厚或过薄。粘贴时要使面砖与基层粘贴密实，可以用木槌轻轻敲击。发生空鼓时，应先取下空鼓处的瓷砖，并铲除原来的砂浆层，再重新铺设。

换砖方法：①先在空鼓瓷砖上画好切割线，切割线距离瓷砖边2～3 cm，然后切割（如图4-39）。②再用铁锤将切割区域内的瓷砖敲掉，把中间的垃圾清理干净。③最后慢慢将剩下的边料拆除下来，这样可以有效避免拆除过程损坏邻近的瓷砖，进而造成连锁反应，产生较大损失。

图4-39　瓷砖更换方法示意图

（2）边角空鼓

主要原因：水泥、砂子搅拌不均，瓷砖背面水泥批荡不均匀或厚度不够，以及铺贴后未干进行踩踏。

解决方法：从瓷砖边缝灌入水泥砂浆，让水泥砂浆渗入水泥沙灰层，或充填瓷砖与水泥砂浆层之间的间隙，使其在瓷砖空鼓处形成坚实而饱满的结合层。

灌浆方法：①先用铲刀将空鼓处的瓷砖缝清理干净，砖缝越大越好，缝槽深度需要高于瓷砖厚度。②然后往砖缝处倒水泥砂浆，并敲击空鼓处，通过震动让水泥砂浆慢慢渗入空鼓区域（如图4-40），反复操作，直至灌满水泥砂浆为止。③最后在表面压重物，待水泥砂浆硬化之后即可。

图4-40　边角空鼓灌浆

（3）色变

主要原因：除瓷砖质量差、釉面过薄外，操作方法不当也是重要影响因素。

解决方法：在施工时应严格把关材料质量，浸泡釉面砖时应使用干净的水。配水泥砂浆时应使用较干净的砂子和水泥。操作时要随时清理砖面上残留的砂浆。

（4）接缝不平直，瓷砖贴面缝隙不均匀

主要原因：砖的规格有差异，选购时没有注意尺寸，在铺贴时又未严格选料，使铺好的瓷砖贴面出现缝隙错位现象。

解决方法：在施工时应认真挑选面砖，将同一类尺寸的集中在一起，用于同一面墙上。每粘贴一行后应及时用靠尺检查，及时校正。如接缝超过允许误差，应及时取下墙面瓷砖，进行返工。

4.2.4　地面找平工艺

地面找平是指将房间地面的高低差控制在一定的范围内，确保地面的平整。这项工作的目的主要是为了方便日后铺设木地板、地毯等材料，同时也有助于提高整体美观度。如果地面高低差过大，不仅会影响整体美观度，还会给日后的使用带来诸多不便。

地面找平的方法有很多种，常见的有水泥砂浆找平、发泡水泥找平、自流平找平等。具体选择哪种方法，需要根据实际情况和预算来决定。

在进行地面找平前，需要先对房间进行测量和评估，确定需要找平的区域和范围。然后按照施工要求进行施工，确保施工质量。在施工完成后，需要进行验收，确保地面平整度符合要求。其具体施工工艺如下。

（1）检查施工场地。施工前需要对施工场地进行检查，确保地面没有杂物、积水等。

（2）测量放线。根据设计要求，使用测量仪器在地面放出需要找平的区域，并标出标高线。

（3）做灰饼。按照标高线，用水泥砂浆在需要找平的区域内的四周及中心，依据距离做出足够的灰饼，同时需要确保所有灰饼都在同一个水平面上（如图4-41）。

图4-41 地面找平做灰饼

（4）整体找平。将水泥及砂子按照1∶3的比例进行搅拌，干湿度以"手握成团，落地开花"为宜，并按照设计要求的厚度铺在需要找平的区域，然后用刮板以灰饼为参照进行初步刮平。

（5）面层收光。待基层材料稍微凝固约2小时后（具体时间依据施工现场的温度决定），在未完全凝固之前，使用铁抹子在面层抹水泥砂浆，进行收光处理。使表面光滑平整，平整度误差在3 mm以内为合格。如果表面不进行收光处理，在后期施工过程中找平层很容易出现起砂、扬尘，不但影响施工环境，也会因磨损影响平整度。

4.3　石材材料及施工工艺

石材颜色丰富、纹理多样，装饰效果好。在装饰工程中，石材作为饰面材料，不但可以改变室内的空间形态，而且还可以烘托氛围。石材作为一种重要的建筑材料，被广泛用于各种地方，如地面、墙面、台面等。

对石材的颜色、花纹的评价标准，因人、民族、国家、年代的不同而有所差异，没有绝对的标准，但就多年来石材的使用量而言，白色、黄色、绿色、咖啡色的石材历经多年而不衰，尤其是黄色类的石材一直是石材装饰中的主色调，深受人们的喜爱。

4.3.1　石材的基本特性

1. 耐火性

石材的耐火性与其结构有关。其内部的矿物质通常具有较高的耐火性。此外，石材的内部结构通常比较紧密，能够减少空气进入，从而可以在火灾时防止火势蔓延，但是，因各种石材内部的矿物质存在一定的差异，其耐火强度也存在一定的不同。有些石材在高温作用下，会发生化学分解。

2. 膨胀及收缩

石材具有热胀冷缩的特性。这种特性是由分子间的热运动引起的，而分子间的热运动受温度的影响。在温度升高时，石材中的分子会变得更加活跃，它们会更加频繁地振动并导致石材膨胀。相反，当温度降低时，分子会静止，石材会收缩。这种热胀冷缩的特性可能会导致石材之间的缝隙增大或减小，也可能导致石材表面出现裂纹或翘曲。在热胀冷缩的特性下，石材若受热后再冷却，其收缩不能恢复至原来的体积。

3. 耐冻性

石材具有较好的耐冻性，当温度低到 −20℃ 时，会发生冻结，孔隙内水分膨胀比原有体积大 1/10，岩石若不能抵抗此种膨胀，便可能出现崩坏。

4. 耐久性

石材具有良好的耐久性，用石材建造的结构物具有永久存在的可能性。古代人早就认识到了这一点，因此许多重要的建筑物及纪念性构筑物都是使用石材建筑的，但是，石材中的矿物质成分会受环境因素的影响，如酸雨、盐分和紫外线等。这些因素会改变石材的外观，甚至可能导致石材开裂、风化和腐蚀。

5. 有一定的抗压强度

石材的抗压强度受矿物成分、结晶粗细、胶结物质的均匀性、荷重面积、荷重作用与解理所成角度等因素的影响。若其他条件相同，通常结晶颗粒细小而且彼此黏结在一起的致密材料，具有较高强度。

6. 良好的视觉效果

石材作为一种重要的建筑材料，其呈现出来的视觉效果对建筑物具有重要影响。

（1）颜色和光泽度

颜色是影响石材视觉效果的关键因素。不同颜色的石材可以营造出不同的氛围。例如，红色和棕色的石材可以带来温暖和舒适的感觉，而灰色和黑色的石材则更显高级和稳重。光泽度也是影响石材视觉效果的重要因素，高光泽度的石材可以产生镜面效果，使建筑物更加明亮和吸引人。

（2）纹理和质感

纹理和质感也是影响石材视觉效果的重要因素。不同的石材纹理和质感具有不同的视觉效果。例如，粗犷的纹理可以带来自然和原始的感觉，而细腻的纹理则更显高贵和豪华。同时也可以通过抛光、磨砂等方式改变石材的质感，以适应不同的建筑风格和设计需求。

（3）艺术装饰效果

石材表面不仅可以很容易地加工成光面，还可以很容易地加工成毛面、哑光面、火烧面、火烧仿古面、酸洗仿古面、自然面、荔枝面、龙眼面、水冲面等。这些不同质地表面的石材放在装饰环境中可以取得不同的艺术装饰效果。光面的板材给人细腻、婉约、温柔的感觉；自然面的板材给人粗犷、雄浑、豪放、刚性的感觉。

4.3.2 石材材料的基本分类

建筑装饰石材是指在建筑物上作为饰面材料的石材，包括天然石材、人造石材大类。

天然石材指石材具有天然形成的纹理和图案，如山水纹、水波纹等，适用于自然风格的装饰。主要分为天然大理石和花岗岩。

人造石材是一种由人工材料制成的石材产品，具有规则的纹理和图案，其外观和质感与天然石材相似，包括人造大理石、人造花岗岩和其他人造石材。

1. 天然石材

天然石材是世界上最古老的建筑材料之一。许多著名古建筑是由天然石材建造而成。随着科学技术的发展，建筑使用的天然石材逐步被钢筋混凝土所替代，但因天然石材具有耐用性、美观性、稳定性、抗腐蚀性、纹理和颜色变化多样等特点，依旧是建筑装饰材料领域中的上品材料，在装饰中仍被广泛应用。其中，运用最普遍的主要有大理石和花岗岩这两大类石材。天然石材在地球表面蕴藏丰富，分布广泛，便于就地取材。

天然石材也有一些缺点。由于它们是由天然岩石制成，因此可能存在瑕疵和缺陷，如裂缝、斑点、颜色不均匀等。此外，由于其硬度高，切割和加工需要特殊工具和技术，因此成本较高。因此，在选择和使用天然石材时，需要考虑其特性和适用性，如大理石可用于装饰，而花岗岩则适合作为结构材料。

（1）天然大理石是由石灰岩或白云岩变质而成，其主要矿物成分仍然是方解石或白云石。大理石抗压强度高，质地细密，硬度不大，比花岗岩易于加工。作为一种天然材料，其因美丽的纹理和独特的质感而备受青睐。纯大理石为白色，在我国常被叫作汉白玉。天然大理石主要的特点为：①表面硬度不大，易于加工。②含有杂质时呈现为各种绚丽的色彩。③适宜作为建筑室内装饰用材。少量可用于室外，例如汉白玉，不需要进行抛光处理即可使用（如图4-42）。

图4-42　汉白玉栏杆

天然大理石品种繁多，石质细腻，光泽好，常用于建筑物饰面的装饰，如室内的墙面、柱面、雕刻及家具中的台板、柜台等。然而，天然大理石也存在一些缺点。首先，由于是天然材料，其颜色、纹理和品质可能会受地质、气候和时间等因素的影响，因此不同批次的天然大理石可能会有所不同。其次，天然大理石在开采和处理过程中可能会对环境造成一定的影响，如破坏植被、污染水源等。

（2）天然花岗岩（如图4-43），属火成岩中分布最广泛的一种岩石，其主要矿物成分为石英、长石及少量暗色矿物和云母。花岗岩是全晶质的（岩石中所有成分皆为结晶体），按结晶颗粒大小的不同，可分为细粒、中粒、粗粒及斑状等。花岗岩的颜色由造岩矿物决定，通常呈红、黄、黑、灰等颜色。优质花岗岩晶粒细，构造密实，石英含量多，云母含量少，不含有害杂质，长石光泽明亮，没有风化迹象。

花岗岩饰面板厚度规格有20 mm、25 mm、30 mm、40 mm、60 mm等，还可以加工成需要的规格和图案，长、宽规格可以根据需要裁制。其主要特点为：①吸水少。②耐冻性、耐磨性比较好。③具有良好的抵抗风化的性能，常被用于建筑物外观装饰和地面装饰。④也适用于室内装饰，颜色多为肉红色、灰色等。

图 4-43　天然花岗岩

2.人造石材

人造石材是一种由人工材料制成的新型石材产品。它的原材料包括树脂、碎石、黏合剂等，这些原材料经过模具成型、固化处理等工艺过程，可以制作出各种形状和规格的石材产品。与天然石材相比，人造石材具有耐磨、耐污、易清洁等优点，同时还可以根据需要定制不同颜色和纹理，价格上比天然石材要低。

人造石材适用于各种建筑场合，如商业、住宅、公共设施等。在室内装修中，人造石材可以用于地面、墙面、台面、吧台等；在室外装修中，人造石材可以用于公园、广场、商业街等场所。

（1）人造大理石。人造大理石是一种人工合成的石材（如图 4-44），通常以不饱和聚酯树脂或水泥为黏合剂，配以各种颜色的玻璃、碎石或其他人工材料制成。它的外观和质感与天然大理石相似，但价格相对较低，因此在室内装修中被广泛使用。人造大理石具有很多优点：①重量轻，强度高。②耐腐蚀，耐污。③表面光泽度高。④花色图案多。

图 4-44　人造大理石

然而，人造大理石也存在一些缺点。例如，一些质量较差的人造大理石可能存在色差、裂纹、气泡等问题，而且在长时间使用后可能会出现褪色、磨损等。此外，一些劣质的人造大理石在温度变化较大时可能会发生变形或开裂。因此，在选择人造大理石时，应该选择质量可靠的品牌，并注意选择适合自己家装饰风格和空间大小的人造大理石。同时，在使用过程中，也需要注意保养和维护。

（2）人造花岗岩是采用天然大理石碎块、钙粉为主要原料，使用 5% ~ 8% 的不饱和聚酯树脂为黏合剂，经抽真空、常温、高压、震动、浇注而成，具有类似于天然花岗岩的外观和特性（如图 4-45）。它被广泛用于室内外装饰。人造花岗岩具有很多优点：①比天然花岗岩具有更强的韧性。②比天然花岗岩具有更强的抗水和耐腐蚀性。③没有放射性。④导热系数更低，因此严冬时手感不冰，酷暑时手感不烫。⑤能方便地制造出人们需要的各种型材，尤其是仿翡翠玛瑙、仿琥珀、仿汉白玉等高档型材可以以假乱真。

图 4-45　人造花岗岩

（3）微晶石又称微晶玻璃复合板材（如图 4-46），是将一层 3 ~ 5 mm 的微晶玻璃，复合在陶瓷玻化石的表面，经二次烧结后完全融为一体的高科技产品。微晶石作为一种新型的装饰材料，具有独特的外观和高品质的质感，广泛应用于大厅、走廊、楼梯、墙面、台面等室内外装饰工程项目中，能够呈现出高贵典雅的气质和豪华的效果。

微晶石的主要特点为：雍容华贵，有自然生长而又变化各异的仿石纹理，色彩层次鲜明，装饰效果好，同时又易于清洗，内在物化性能优良。此外，其表面光滑，质感独特，具有高光泽度和高硬度。微晶石的外观类似于天然石材，但具有更高的耐久性和易于维护的特点。

图 4-46　微晶石

（4）文化石是一种具有浓厚文化气息的石材，纹理非常独特（如图 4-47）。它通常给人一种粗犷、自然的感觉，能让人感受到大自然的韵味和历史的沧桑。这种纹理使得文化石成了许多建筑中常用的一种非常有特色的元素，能够为建筑增添一份独特的韵味。它不仅具有坚硬、耐磨的特点，而且还能够抵抗风雨侵蚀，保持其原有的色彩和质感。因此，文化石非常适合用于一些需要长时间保持初始外观的建筑项目，如别墅、历史建筑等。

文化石主要分为天然文化石和人造文化石。天然文化石从自然界的石材矿床中开采，其中的板岩、砂岩、石英石，经过加工，成为一种装饰建材。人造文化石是采用高新技术把天然形成的每种石材的纹理、色泽、质感以人工的方法再现，效果极富原始、古朴的韵味。人造文化石具有质地轻、色彩丰富、不发霉、不易燃、便于安装等特点。

图 4-47　文化石

4.3.3 石材施工工艺

饰面石材的施工方法主要分为湿贴法和干挂法。

湿贴法：此方法对墙体的要求比较高，需要在墙体上预做基础固定件，以确保石材能够牢固地固定在墙上。此外，湿贴法需要使用水泥和砂子的混合物作为黏合剂，因此需要注意材料的配比和使用方法，以确保石材能够牢固地粘贴在墙上。

干挂法：主要采用龙骨架进行固定。

湿贴法工艺用于外墙面有许多弊端，不仅易使墙面石材变色，形成色差，污染墙面，而且还由于温度变化等原因，易造成墙面空鼓、开裂，甚至脱落等质量问题。

干挂法较传统湿贴法造价高、空间损失大，但大大减轻了建筑物的承重负荷。因此，在设计中主要根据基底复杂情况而选择合适的施工方法。

1. 石材湿贴法施工工艺

（1）准备材料。需要准备石材、水泥、砂子、钢筋、塑料泡沫板等材料。

（2）安装钢骨架。根据石材的形状，需要预先设计钢骨架的形状和安装方式。可以使用钢筋制作框架，并进行固定。

（3）石材基础固定。使用水泥和砂子混合物作为黏合剂，将石材基础固定在墙面上，确保石材能够牢固地固定在墙上。

（4）湿贴石材。将石材湿贴到墙面上。在湿贴过程中，需要确保石材与墙面的接触面平整，并使用塑料泡沫板等材料辅助固定。

（5）勾缝处理。铺贴完成后，需要对石材表面的缝隙进行勾缝处理，以使其呈现出美观的装饰效果。常见的饰面石材勾缝材料包括水泥、填缝剂和石材勾缝剂等。在选择勾缝材料时，需要考虑石材的材质、颜色、用途等，以确保所选材料能够满足饰面要求并保护石材不受损害。

（6）修整和清洁。完成湿贴后，需要修整石材表面，去除多余的水泥和砂浆。同时，需要进行清洁工作，确保石材表面干净整洁。需要注意的是，为避免墙面缝隙返浆，在铺贴前必须将石材的背面刷洗干净，然后刷上一层1∶1的107胶水泥灰水进行封闭，待干凝后再铺贴。这样操作可以最大限度地预防墙面缝隙返浆。

2. 石材干挂法施工工艺

石材干挂法是一种用于建筑物的装饰和固定石材的方法，主要用于较大的室内墙面工程及 3 层以上的外墙面。这种方法不使用传统的水泥砂浆粘贴石材，而是使用钢骨架将石材固定在墙上。干挂法的主要优点是可以减轻建筑物的承重负荷，但造价高。

石材干挂法又名空挂法，是当代饰面饰材装修中的一种新型施工工艺。该方法以金属挂件将饰面石材直接吊挂于墙面或空挂于钢架之上，不需要再灌浆粘贴。

石材干挂的方法目前主要有 3 种，即插销式干挂、开槽式干挂、背栓式干挂。

（1）插销式干挂。通过专业的开孔设备，在瓷板棱边精确开孔，将销针植入孔中，再通过连接件将瓷板固定在龙骨上。由于在瓷板棱边开孔容易崩边，瓷板损耗大，施工工艺复杂，该方法现已被淘汰，基本不采用了。

（2）开槽式干挂。通过专业的开槽设备，在瓷板棱边或背面精确开凹槽，将挂件扣入槽中，再通过连接件将瓷板固定在龙骨上。开槽式瓷板幕墙的不足在于对瓷板厚度要求较高，一般瓷板厚度不小于 15 mm；开槽时容易崩边，损耗大；需要安装钢龙骨，加大了建筑物承重，且增加了成本。

（3）背栓式干挂。通过专业的开孔设备，在瓷板背面精确加工里面大、外面小的锥形圆孔，把锚栓植入孔中，拧入螺杆，使锚栓底部完全展开，与锥形孔相吻合，形成一个无应力的"凸"形结合，再通过连接件将瓷板固定在龙骨上（如图 4-48）。

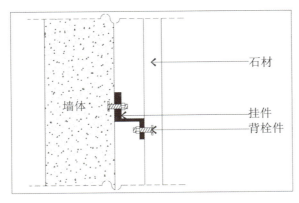

图 4-48　背栓式干挂示意图

这种干挂饰面板安装工艺亦可与玻璃幕墙或大玻璃窗、金属饰面板安装工艺配套应用。现在国内不少大型公共建筑的石材内外饰面板安装工程均采取这种干挂石材的施工工艺。

干挂法施工工艺要求如下。

（1）根据墙面石材的分格尺寸要求绘制立面分格图。

（2）当饰面基层为框架而无填充墙时，每隔一段距离需要设一根竖向主龙骨，主龙骨通过膨胀螺丝和连接铁件与基层墙面或框架梁相连接，主龙骨可以采用槽钢、方钢或角钢等。

（3）在每一块石材的横缝上口处设一次龙骨，次龙骨与主龙骨之间采用电焊焊接。

（4）干挂式石材饰面的板材之间一般留有 8～12 mm 的空隙，在整体墙面安装完毕以后，缝隙用打硅胶封住。

（5）需要清理石材表面污渍。

4.3.4 石材施工质量验收

石材是建筑物的重要组成部分，其施工质量直接影响建筑物的整体结构和安全。高质量的石材施工能够确保石材与周围环境、建筑物协调，提高建筑物的整体稳定性，从而减少石材质量问题。因此，进行石材施工质量的控制和管理是非常必要的，需要从材料选择、施工工艺、质量控制等方面入手，确保石材施工的质量达到预期的标准和要求。

1. 石材施工质量验收

（1）面层所用石材的品种、规格、颜色和性能应符合设计要求。

（2）石材表面无明显划痕、缺棱、掉角等损伤。石材面层的表面应洁净、平整、无磨痕，且应图案清晰、接缝均匀、周边顺直、镶嵌正确，所用石材无裂纹、掉角、缺棱等缺陷。

（3）石材表面应色泽一致，无明显色差、色斑，无明显色线、色带等缺陷。

（4）石材的尺寸应符合设计要求，误差应在允许范围内。

主要控制数据：

表面平整度 ≤ 2 mm；缝格平直 ≤ 2 mm；接缝高低 ≤ 0.5 mm；踢脚线上口

平直≤ 2 mm；板材间隙宽度≤ 1 mm。

（5）饰面板安装工程的预埋件、连接件的数量、规格、位置、连接方法和防腐处理必须符合设计要求。

（6）石材安装应牢固、平整，无松动、倾斜等问题，面层与下一层应结合牢固，无空鼓。

2. 石材施工过程中常见问题及解决办法

（1）爆边现象。石材台面采用 45 度角拼接收口的时候，因为石材较为脆嫩，边缘尖锐没有倒角，容易发生爆边现象，虽然可以修复，但依旧会存留修复痕迹。

解决方法：采用蝴蝶角的方式进行 45 度角拼接，即在板材需要切割边的侧边预留 5 mm 左右的厚度，再进行 45 度角切割，以增加边缘的抗压力。

（2）石材表面不平整。在施工过程中，有时会遇到石材表面不平整的情况，导致整体视觉效果不佳。

解决方法：确保石材基层平整是解决此问题的关键。在铺设石材前，应仔细检查基层的平整度，如有需要，应进行修整。此外，需要确保石材的铺设顺序正确，以避免出现局部受力过大导致不平整的情况。

（3）石材空鼓。石材空鼓会导致石材与基层分离，影响石材的承重能力和使用寿命。

解决方法：在施工过程中，应定期检查石材与基层的接触情况，发现空鼓应及时处理。可以使用灌浆法进行修复，确保石材与基层充分接触。

（4）石材色差和纹理不匹配。多个石材材料或批次之间存在色差或纹理不匹配的情况，影响整体美感。

解决方法：尽量选择同一色差和纹理的石材材料或同一批次的石材材料进行施工，以减少色差和纹理不匹配的情况。如需使用不同批次或品种的石材，应在施工前对石材进行仔细挑选，确保颜色和纹理一致。

（5）石材加工质量差。石材加工质量差可能导致石材表面有划痕、裂纹等缺陷，影响整体视觉效果和使用寿命。

解决方法：选择有信誉的石材加工厂家，确保加工质量符合要求。在施工过程中，应仔细检查石材的加工质量，如有缺陷应及时更换。同时，在运输和存储过程中应采取适当的保护措施，避免石材受到损伤。

（6）施工工艺不规范。施工工艺不规范可能导致石材铺设效果不佳，如石材之间缝隙过大或过小，影响整体视觉效果。

解决方法：在施工过程中，应严格按照施工规范进行操作。对于缝隙的处理，应考虑石材的热胀冷缩特性，确保缝隙适中且美观。同时，应定期检查施工进度和质量，及时调整和纠正不规范的施工行为。

【本章课后思考】

（1）如何理解乳胶型防水涂料中的柔性防水涂料和刚性防水涂料？它分别适用于什么地方？

（2）某住宅装饰工程地面铺设了 750 mm×1 500 mm 的瓷砖，验收合格后，在使用过程中地面瓷砖发生空鼓、起拱现象，试分析产生该现象的原因。

5　木工装饰工程

木工装饰工程是较为复杂的施工内容之一。设计师需要考虑室内的整体风格、空间布局、使用功能及客户的个性化需求。木工材料的选择非常重要，常用的材料包括木质方材、木质板材等。每种材料都有独特的特性和优缺点。在选择材料时，需要考虑室内空间结构和功能要求，以及客户的预算和偏好，同时也需要考虑材料的环保性能。

　　木工装饰工程的施工内容主要包括木质柜体类、木质门窗类、轻钢龙骨隔墙类、吊顶类等。在施工前，需要做好准备工作，包括材料的准备、工具的准备和施工现场的清理。施工过程中，需要按照设计图纸进行施工，确保施工质量和进度。施工过程中还需要注意安全问题，确保施工人员的安全和健康。此外，施工过程中还需要考虑施工成本和预算。

5.1　常用木质材料及施工工艺

5.1.1　木质材料介绍

　　木质材料是由树木的木质部分制成的，具有天然的纹理、质地和颜色，给人一种自然、舒适和美观的感觉。因其独特的特性和优点，木质材料被广泛应用于家具、建筑、工艺品等领域。在选择木质材料时，可以根据不同的使用场景和需求，选择不同性质的木材，如硬木、软木等。同时，还可以考虑木材的纹理、颜色、质地等特征，以及可塑性、价格等。常见的木质材料主要有以下几种。

　　（1）松木。松木是一种常见的软木木材，是一种针叶树种，松木质地坚硬，纹理清晰，具有良好的弹性和抗震性能，且材质易于加工，环保。松木包括红松、华山松、马尾松等。

　　（2）橡木。橡木是一种优质的硬木，应用范围广泛，有较高的市场价值。它纹理细腻，质地坚硬，强度和弹性优良。橡木主要有红橡、白橡等。

（3）胡桃木。胡桃木是一种坚硬、密度高、纹理细腻的木材，具有优异的防腐性能和装饰效果，胡桃木的纹理特征体现了其美学价值和实用价值。根据纹理特征，胡桃木可以分为直纹胡桃木、山纹胡桃木。根据颜色特征，胡桃木可以分为浅色胡桃木、深色胡桃木和彩色胡桃木。浅色胡桃木的颜色较淡，带有一定的黄色调，如白胡桃木。深色胡桃木的颜色较深，如黑胡桃木。彩色胡桃木则具有丰富的色彩变化，如紫心胡桃木等。

（4）柚木。柚木是一种珍贵的硬木木材，具有出色的抗压和抗腐蚀性能。其质地细腻，具有油性，表面光泽度好，且易于着色，纹理美观，具有独特的斑点和图案，为家具和建筑物增添了艺术美感。

（5）枫木。枫木是一种硬质木材，具有较高的强度和密度。它的纹理清晰，颜色从淡红色到深红色不等，具有美丽的光泽和质感。枫木的抗腐蚀性较强，易于加工和雕刻。

（6）榆木。榆木是一种坚硬、耐用的木材，广泛分布于亚洲、欧洲和北美洲的温带地区。根据树种和生长环境的不同，榆木可以分为不同的类型，如东北榆、黄榆、小叶榆等。榆木的纹理美观，质地细腻，具有较高的观赏价值。同时，榆木的密度较高，硬度适中，抗压强度和抗拉强度也较好。

（7）水曲柳。水曲柳是一种典型的温带阔叶树种，主要分布在中国东北、华北、西北及俄罗斯和朝鲜的某些地区。它们通常生长在河流沿岸、沼泽地和山区的冲积土上。水曲柳需要充足的阳光和湿润的环境，对土壤的要求不太严格，但偏好排水良好的土壤。该树种的木材纹理美观，质地坚硬，具有很好的耐磨性和抗压性。它的颜色通常为浅黄色或红褐色，随着时间的推移会略微变深。水曲柳的密度也相对较高，具有较好的弹性和稳定性，不易变形。

5.1.2 木质材料的基本特性

木质材料的吸引力之一在于其独特的纹理和外观。不同的树种有不同的纹理和颜色，这为家具制造、室内设计提供了丰富的材料资源。木质材料具有以下基本特性。

（1）含水率比较低，一般含水率为4%～15%。含水率在4%～12%的为炉干材；平均含水率为12%的为气干材。

（2）导热性能弱。

（3）具有天然色泽与纹理。木质材料的天然色泽受其内部化学成分、树龄、生长环境等因素的影响。但是不同种类的木质材料具有不同的天然色泽，且同一材料在不同生长阶段的色泽也不一样。此外，光照、温度、湿度等环境因素也会对木质材料的天然色泽产生影响。木质材料的纹理也是独特的，包括直纹、斜纹、斑点纹等，这些纹理的形成与树木的生长过程、干燥过程等因素有关，同时，不同的加工处理方式也会影响木质材料的纹理特征，如磨削、钻孔等加工处理方式可能会改变纹理的形态和分布。

（4）强度低。木质材料的强度低是因为其纤维结构相对松散，难以承受较大的压力和拉伸力。同时，由于木质材料通常由纤维素、半纤维素和木质素等物质组成，这些物质之间的相互作用使得木质材料在受到外力时容易发生变形和断裂。

（5）绝缘好。木质材料主要由纤维素、半纤维素和木质素等物质组成，这些物质都是高分子化合物，它们之间以化学键合的方式，形成了一个个独立的"小城堡"，阻碍了电子的移动，因此绝缘性能良好。然而，木质材料的绝缘性能也会受一些因素的影响，如湿度、温度、含水率等。当环境湿度高、温度高或含水率超过一定限度时，木质材料的绝缘性能可能会受影响，导致其导电性能增强。

此外，木质材料还具有良好的可塑性和易于加工的特性，使其在建筑、家具、工艺品等领域得到了广泛的应用。总之，木质材料是一种受欢迎的建筑材料和家具材料。

5.1.3 装饰工程中常用的木质材料

1.常用的木质板材

（1）胶合板（如图5-1）。胶合板是由木段旋切成单板或由木方刨切成薄木，再用黏合剂胶合而成的三层或多层的板状材料，并使相邻层单板的纤维方向互相垂直胶合而成。常用的原木主要有桦木、杨木、水曲柳、松木、椴木及部分进口原木。胶合板的层数通常为奇数，按胶合板层数可分为三合板（三夹板）、五合板（五夹板）、九合板（九夹板）等，其板幅尺寸为1 220 mm×2 440 mm，厚度为3 mm、5 mm、9 mm、12 mm等。

图 5-1　胶合板

（2）细木工板。又名大芯板，中间采用木板条拼接，两面覆盖两层或多层胶合板，经胶压制成的一种特殊胶合板（如图 5-2）。细木工板表面平整，竖向木纹细腻，结构稳定性好，一般在装饰工程中作为基材使用。根据不同的加工工艺和材质，细木工板可分为不同类型，如普通细木工板、多层细木工板、高密度细木工板等。常见尺寸规格为 1 220 mm×2 440 mm，厚度为 12 mm、15 mm、18 mm。

图 5-2　细木工板

细木工板（大芯板）等级通常根据芯板的厚度、材质、平整度、内部结构、承重力及环保标准来划分。

①按板材质量分。细木工板（大芯板）板材质量等级通常是根据芯板的厚度、材质、平整度、密度、硬度、有无节疤和虫眼等缺陷来划分的，主要分为特级、一级、二级、三级。特级板质量最好，价格也最高，它的平整度好，无节疤、虫眼，密度均匀，硬度高，内部方料常由芯材压制而成。一级板质量次之，价格相对较便宜。二级板和三级板通常被视为不合格品，内部方料常由边角料压

制而成，不建议用于室内装修（如图5-3）。

优质大芯板　　　　　　　　　　劣质大芯板

图5-3　大芯板芯材质量

②按环保标准分。目前市面上的细木工板（大芯板）依据环保标准分主要有E0级、E1级、E2级。E0级大芯板的甲醛释放量 ≤ 0.5 mg/L，是目前环保等级最高的板材，甲醛含量较低，对人居环境影响最小。E1级甲醛释放量 ≤ 1.5 mg/L，E2级甲醛释放量 ≤ 5 mg/L。其中，E2级大芯板的环保性能较差，不能直接用于室内装修。

（3）密度板。密度板是以木质纤维或其他植物纤维为原料，经纤维制备，施加合成树脂，在加热加压的条件下压制成的板材（如图5-4）。该板材表面光滑美观，易于加工，常用于制作各种家具和装饰品。密度板按用途可分为家具板、地板基材、门板基材、电子线路板、镂铣板、防潮板、防火板和线条板等，可以作为贴面板使用。目前市面上的密度板依据环保标准分，主要有E0级、E1级。根据我国的环保要求，家具生产商在制作家具时使用的密度板必须达到E1级或以上等级。密度板常见尺寸规格为1 220 mm×2 440 mm，主要厚度有1 mm、2.4 mm、2.7 mm、3 mm、4.5 mm、4.7 mm、6 mm、8 mm、9 mm、12 mm、15 mm、16 mm、18 mm等。

图5-4　密度板

密度板的质量等级划分为3个等级：优质、普通和劣质。①优质等级。密度板密度适中，纤维分布均匀，表面平整度好，硬度高，抗弯强度大。价格适中，一般在中高端水平。②普通等级。密度板密度较低，表面平整度一般，硬度适中，抗弯强度一般。价格较为亲民，适合一般消费者使用。③劣质等级。密度板密度过大或过小，表面不平整，硬度低，抗弯强度小。价格低廉，但存在一定的安全隐患。

（4）刨花板。又叫颗粒板，由木材或其他木质纤维素材料制成的碎料，施加黏合剂后在热力和压力作用下胶合而成的人造板。刨花板结构比较均匀，易加工，可以根据需要加工成大幅面的板材，是制作不同规格、样式的家具较好的原材料（如图5-5）。刨花板具有良好的吸音和隔音性能，但也有缺点，因为边缘粗糙，吸湿性强，一般在装饰工程中作为基材使用。刨花板的环保等级可以分为E0级、E1级、E2级等。等级越高，表示产品的环保性能越好。E0级刨花板是环保性能最高的等级，甲醛释放量非常低，几乎可以忽略不计。E1级刨花板甲醛释放量较低，可以在室内使用，但需要保持通风。E2级刨花板甲醛释放量较高，不建议在室内使用。刨花板常见尺寸规格为1 220 mm×2 440 mm，厚度为12 mm、15 mm、18 mm等。

普通刨花板　　　　　　特殊刨花板　　　　　　生态刨花板

图5-5　刨花板

刨花板主要分为以下几种。

①普通刨花板。这是最常见的刨花板类型，通常由小木片和木纤维组成，密度较低。这种等级的刨花板价格相对较低，适用于一般的家具制作和装修。

②高密度刨花板。这种刨花板通常由小木片和木纤维压缩而成，密度较高，强度和硬度也相对较高。这种等级的刨花板适用于需要较高强度和耐久性的建筑结构件、地板基材等。

③特殊表面处理的刨花板。根据需要，刨花板可以经过特殊表面处理，如涂层、贴面等，以提高美观度、防潮性能或耐刮性能等。这种等级的刨花板适用于

对美观度和耐用性有较高要求的室内装修、家具制造等。

④防火刨花板。某些刨花板经过特殊的防火处理，可以提高阻燃性能。这种等级的刨花板适用于对防火有较高要求的场合，如公共建筑、家居等。

⑤环保刨花板。某些刨花板生产商注重环保，采用环保材料和生产工艺，生产出环保等级较高的刨花板。这种等级的刨花板适用于对环保有较高要求的场合，如家庭装修、办公室装修等。

（5）多层实木板。多层实木板是由三层或多层的单板或薄板胶贴热压制而成（如图5-6）。常见尺寸规格为1 220 mm×2 440 mm，常见厚度为3 mm、5 mm、9 mm、12 mm、15 mm和18 mm几种规格。相对于其他板材来说，多层实木板具有变形小、强度大的特点。

图5-6　多层实木板

多层实木板的质量等级因多种因素而异，包括生产工艺、原材料质量、生产环境、质量控制等。根据板材的结构、厚度、平整度、材质均匀性和甲醛含量，多层实木板可以划分为一级品、二级品、三级品（如表5-1）。

表5-1　多层实木板的质量等级标准

等级	质量标准
一级品	结构稳定、厚度均匀、表面平整、材质均匀、无甲醛释放
二级品	结构稳定、厚度均匀、表面平整、材质基本均匀，但可能存在轻微的色差和变形
三级品	结构不够稳定、厚度不均匀、表面不平整、材质不均匀或含有一定量的杂质，但不影响使用

（6）指接板。指接板由多块木板拼接而成，上下不再粘压夹板，竖向木板间采用锯齿状接口，类似两手手指交叉对接（如图5-7）。指接板板材强度较高，表面外观平整，没有明显的木纹和节疤，且易于加工。指接板主要用于家具制作。此外，也可作为基材使用，或者依据表面成形形态作为面材使用。常见尺寸规格为1 220 mm×2 440 mm，厚度为12 mm、15 mm、18 mm等。

图5-7　指接板

指接板的质量等级通常根据外观、尺寸、材料质量和加工质量等方面来评定，一般可分为一级、二级、三级。①一级指接板：板材的外观平整，无明显的瑕疵和缺陷，尺寸准确，材料质地均匀，加工精度高。②二级指接板：板材的外观可能有一些轻微的瑕疵和缺陷，但不影响使用。尺寸可能存在一定的偏差，但不影响整体使用效果。③三级指接板：板材的外观、尺寸和材料质地可能存在较大的缺陷和问题，加工质量也相对较差。

（7）免漆板。又名生态板，免漆板是将带有不同颜色或纹理的纸铺装在刨花板、防潮板、中密度纤维板、胶合板、细木工板或其他实木板材上面，再经热压而成的装饰板（如图5-8）。免漆板除具有天然质感、木纹清晰、施工方便的特点外，表面无需再做油漆处理，不但节约了施工成本，而且可以避免油漆对人体健康的影响。免漆板常见尺寸规格为1 220 mm×2 440 mm，厚度为9 mm、12 mm、15 mm、18 mm等。

图 5-8 免漆板

免漆板的质量等级根据厚度、密度、纹理、硬度、稳定性及环保性能等，划分为优质级、良好级、一般级和劣质级。①优质级。免漆板厚度均匀，密度高，纹理清晰，硬度大，稳定性好，环保性能优。②良好级。免漆板厚度基本均匀，密度较高，纹理较清晰，有一定的硬度，稳定性良好，环保性能良好。③一般级。免漆板厚度不均匀或过薄，密度较低，纹理模糊或不规则，硬度不足，稳定性一般或较差，环保性能一般。④劣质级。厚度过薄或过厚，密度低，纹理混乱，硬度不足，甚至存在明显的变形和开裂，环保性能较差。

（8）欧松板。又名定向刨花板，与刨花板的制作工艺很接近，但具有自身的特点（如图 5-9）。其一，选材采用纯的松木或桉木芯材进行生产，而刨花板里面含有各种各样的木材及边角废料。其二，刨片比较均匀（通常为长 50 ～ 80 mm，宽 5 ～ 20 mm，厚 0.45 ～ 0.6 mm），且是沿着板材的长和宽进行网状铺装，使其内部结构更加稳定，握钉力更强。欧松板最大的缺陷就是表面比较厚，且凹凸不平。

欧松板全部采用高级环保黏合剂，符合欧洲最高环境标准 EN300 标准，成品完全符合欧洲 E1 标准，甲醛释放量几乎为零，可以与天然木材相比，是目前市场上最高等级的装饰板材之一，常用作装饰基材。常见尺寸规格为 1 220 mm× 2 440 mm，厚度为 12 mm、15 mm、18 mm 等。

图 5-9　欧松板

欧松板的质量等级通常分为优等品、一等品、合格品 3 个等级。①优等品欧松板板材密度高，材质均匀，无杂质和缺陷，表面平整，色泽好。②一等品欧松板无杂质和缺陷，表面较平整，色泽较好。③合格品欧松板质量相对较差，表面平整度一般，色泽一般。

（9）饰面板。饰面板是将天然木材或科技木刨切成一定厚度的薄片，黏附于胶合板表面，然后经热压而成的一种用于室内装修或家具制造的表面材料。常见的饰面板分为天然木质单板饰面板和人造薄木饰面板。人造薄木贴面与天然木质单板贴面的外观区别在于前者的纹理基本为通直纹理或图案有规则；而后者为天然木质花纹，纹理图案自然，变异性比较大、无规则。

按照木材的种类来区分，市场上的饰面板大致有柚木饰面板、胡桃木饰面板、樱桃木饰面板、枫木饰面板、水曲柳饰面板、榉木饰面板，等等（如图5-10）。目前在装饰工程中用于制作家具的板材基本被免漆板所替代，但由于免漆板受颜色选择方面的限制，为了能更好地表达设计的效果，常采用水曲柳饰面板做擦色处理来获得想要的色彩。

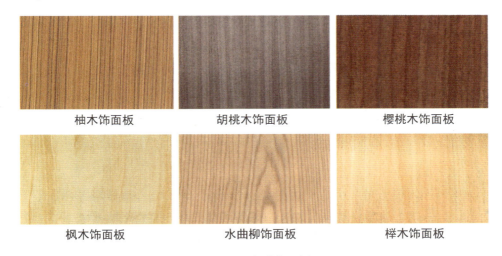

| 柚木饰面板 | 胡桃木饰面板 | 樱桃木饰面板 |
| 枫木饰面板 | 水曲柳饰面板 | 榉木饰面板 |

图 5-10 各类饰面板

饰面板的质量等级可以根据表面处理效果、颜色、纹理、材质、密度、硬度等分为优等品、一等品、合格品及不合格品。

①优等品。具有极佳的外观和质量，表面光滑、无瑕疵，颜色均匀，纹理清晰，材质坚硬，密度高，具有较好的耐磨、耐刮擦和抗老化性能。

②一等品。外观和质量上略逊于优等品，但仍具有较好的表面质量，无明显瑕疵和色差，材质也较为坚硬，但可能在某些方面稍逊于优等品。

③合格品。外观和质量上存在一些问题，如表面有轻微瑕疵和色差，纹理不清晰等，但不影响使用。

④不合格品。质量上存在严重问题，如表面有明显瑕疵，颜色不均匀，纹理混乱，材质差等。

2. 常用木质线材

木质线材是一种可以用于制作各种木制品的细长棒状物体。木质线材种类繁多，可以从用途和形状来进行分类。

（1）按照用途分类。木质线材可以分为骨架线材、装饰线材和收边线材（如图 5-11）。

①骨架线材。主要在装饰工程施工项目中用作基础骨架，比如木龙骨架。骨架线材主要为杉木方，常见长度为 2 000 mm，截面尺寸规格为 20 mm×30 mm、25 mm×35 mm、30 mm×40 mm、40 mm×60 mm、60 mm×80 mm 等。

②装饰线材。主要在装饰工程施工项目中起装饰作用，比如马牙线，即在木材表面加工出类似马牙状的线条，以增加木材的美观度和实用性。

③收边线。是一种用于装饰木制品边缘的线条，通常用于木制品的表面或内部的边缘，同时也可以保护木制品，防止边缘损坏或划伤。木质收边线的颜色和纹理也可以根据需要进行选择，以适应不同的装饰风格和环境。

骨架线材　　　　　　装饰木线　　　　　　收边木线

图 5-11　常用木质线条

（2）按照形状分类。木质线材可以分为方形线材、半圆线材、平板线材和角线。

①方形线材。截面形状为矩形，在装饰工程中用于基础结构或装饰。

②半圆线材。截面形状为半圆，在装饰工程中主要用于表面造型或收边。

③平板线材。截面形状为矩形，在装饰工程中主要用于表面造型或收边。

④角线。截面形状为三角形，在装饰工程中主要用于表面造型或装饰。常见的角线为内角线。

5.1.4 木质柜类施工工艺

1. 木质柜类的制作模式

柜类家具是家居装修中常见的一种家具类型，包括衣柜、书柜、鞋柜、储物柜等多种形式。在装饰工程项目中，木质家具工程主要包括施工现场制作家具和定制家具两种模式。

（1）施工现场制作家具是指木工师傅依据施工图纸，在施工现场通过放样、裁板、组装完成家具制作（如图 5-12）。其最大优点就是能依据施工现场空间尺寸调整家具尺寸，使完成后的家具成品与现场尺寸吻合，成本造价相对较低；缺陷是现场手工制作时裁板、收口等细节处理不够精细。

图 5-12　现场制作家具

（2）定制家具是指通过测量现场尺寸，厂家通过机器设备进行结构拆分、加工，待加工完成后，返回施工现场进行组装（如图 5-13）。其最大优点是裁板和收口细节处理得较为美观，不足之处就是与现场尺寸契合度可能存在偏差，成本造价相对较高，周期较长。

图 5-13　组装定制家具

2.现场制作柜类家具的施工流程

（1）检查衣柜安装区域的墙面和地面是否平整。在安装柜子的区域涂刷一层防潮或防水材料（如图5-14）。

门套底板、柜体背板、侧板背景底板、天花批灰底板，均可以采用专用水性环保防潮油。（注：使用时不能加水）

图5-14　涂刷防潮或防水材料

（2）认真审核施工图纸，确认大小及位置，避免开料后返工。

（3）计划开料。先开大料、长料，再开小料、短料；并做好标记，分类摆放。

（4）衣柜应在安装区域附近的地面组装。横板与立板垂直交叉时，横板应从上自下垂直卡入立板。层板安装要用专用衣柜螺丝，完工后加螺丝盖帽。框架组装完毕后安装衣柜背板。

（5）衣柜固定前做好防潮工作，外覆珍珠棉；在固定时应用红外线水平仪校正，用木楔钉入。

（6）贴饰面板。依据柜体的可见面，测量尺寸并切割饰面板，饰面板背面满涂白乳胶后，贴到柜体相应位置，同时使用蚊钉加固饰面板。当然，如果使用的是免漆板做柜体，因免漆板本身就具有色彩、纹理，便不需再铺贴饰面板。

（7）安装封边线（如图5-15）。封边材料有多种选择，如木质封边条、PVC封边条、金属封边条等，需要依据板材或装修风格，选择合适的封边线；并根据家具的尺寸和形状，测量和切割封边条，确保封边条的长度和宽度适合家具的边缘。免漆板可以采用与板材配套的PVC封边条封边。

平口 PVC 封边线

"U" 型 PVC 封边线

木质封边线安装

图 5-15　封边线

平口 PVC 和"U"型 PVC 封边线都是针对免漆板材的封边线，平口 PVC 封边线采用封边机热熔封边，效果平滑，接口顺直。"U"型 PVC 封边线则通过结构胶徒手安装，效果粗犷，接口不顺直。

（8）调试和验收。在安装完毕后，需要对柜类家具进行调试和验收。检查柜体是否平整、垂直，柜门开关是否顺畅，配件是否安装牢固。如发现问题，及时调整和修复。

3. 定制家具安装流程

（1）确定安装位置，将板材按安装位置分类摆好。

（2）仔细阅读安装示意图，并按照柜体分解图中的板材编号，检查板材数量及规格，检查板材表面是否存在破损、划痕等缺陷。

（3）依据厂家提供的图纸，进行试组装，以确定成品尺寸、规格是否符合现场尺寸，板材数量是否与安装图纸一致。

（4）在板材预留孔位置安装好连接件，并按照图纸逐步组装柜体。

（5）柜体组装完成后，移至安装位置，并调整柜体的水平度和垂直度。

（6）安装收口板条。嵌入墙体的柜体收口板条有两种安装方式，一种是将收口板条盖在墙面上，一种是让收口板条与墙面平齐。当采用收口板条与墙面平齐的方式时，需要让收口板条突出墙面 5 mm，以给墙面留出一定厚度用来批腻子。

（7）安装柜门，柜门间的缝隙宽度需要均匀一致，保持统一的水平度及垂直度，柜门与柜门之间不得出现高低落差。柜门开合应顺畅。

（8）成品保护。安装完成后，采用专用的家具保护膜对成品进行保护处理，防止灰尘及避免其他施工对柜体造成损坏。

4. 需要注意的问题

（1）柜体及柜门板材纹理应选择竖纹，不选择横纹，这样可以增加柜体视觉高度，也容易处理板材之间的垂直拼缝。

（2）柜体中的开放格尽量带背板，不做裸露墙体的形式。虽然后期可以通过墙面腻子填补柜体与墙面之间的缝隙，但容易开裂，影响美观。

（3）超过 1.5 m 高的柜门板材选用颗粒板，不宜采用实木板，且需要在门的背面增加拉直器，以降低柜门变形概率。

5.1.5 木质门分类及施工工艺

1. 木质房门的分类

木质房门的分类方式多种多样，可以根据制作工艺、开合方式及用途进行分类。在选择木质房门时，需要根据自己的需求和预算来选择合适的类型。

（1）按制作工艺分类

①模压门。通常由密度板（也称为纤维板）制成。它的制作过程是将两块密度板压在一起，然后在表面覆盖一层耐磨的饰面材料，如 PVC 或木质饰面板。模压门的优点为轻、易于安装和维护、外观较为美观等，但也存在一些缺点：首先，由于模压门是由密度板制成的，因此可能会释放甲醛等有害物质。其次，由于模压门通常比较薄，因此隔音效果较差。最后，模压门的强度和稳定性也相对较低，容易受环境因素的影响而变形。

②全原木门。这类门以精选的天然木材为原材料加工而成，没有使用任何其他材料进行填充或装饰。其特点是具有天然木材的纹理和质感，给人以自然、舒适的感觉；全原木门具有良好的隔音和保暖性能，能为室内提供一个安静、舒适的环境。同时，全原木门具有较好的防潮和抗裂性能，能够适应不同的环境条件，但是价格较贵。

③实木复合门。是指中间采用实木，两面压上 3 mm 的夹板，并在夹板表面贴上 0.6 mm 的实木皮，再经加工而成的实心体的门板及门套。其与全原木门最

大的区别在于，实木复合门的内外材质不一致，且材质选用的都是中等偏下的木材，因此，价格较为适中。但实木复合门也具有自身的优点，首先，它具有良好的隔音性能。其次，由于使用了多种木材和人造材料，它具有较高的耐用性，能够抵抗日常磨损和环境的影响。

（2）按开合方式分类

在室内装饰工程中，按开合方式分，常见的门有平开门、折叠门、推拉门、联动移门等（如图5-16）。

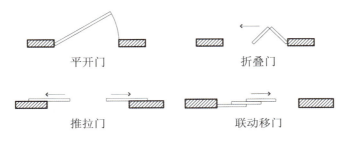

图5-16　门的开启形式

①平开门。简单的单向开启的门，是一种常见的开门方式，特点在于门的开启方向与关闭方向平行于地面。这种门通常用于一些需要较大空间或需要方便进出房间的地方，如客厅、卧室、厨房等。

②折叠门。可以折叠开启的门，通常用于阳台或者厨房等空间。它具有许多优点，如节省空间、易于安装和维护、外观美观等。折叠门主要由门框、门板和铰链等部件组成。其中，门板是折叠门的主要组成部件，通常采用金属、木材或玻璃等材料制成。折叠门的铰链是连接门板和门框的关键部件，它能够使门板在关闭时与门框紧密贴合，同时也能在门板打开时保持稳定。

③推拉门。是一种常见的开门方式，通常用于家庭和商业场所。它的特点是可以在两个方向上移动，使得空间得到更有效的利用，通常用于分割空间或者作为隔断。

④联动移门。是一种特殊的门，通常由两片或多片可移动的门板组成，通过滑轨或吊轮等装置实现门的移动。当其中一片门板移动时，其他门板也会相应地移动，从而实现整个门的移动。联动移门分为两联动移门、三联动移门、四联动移门等。这种门通常用于装饰、保护空间隐私等。其最大的特点就是能够有效地节省空间，提高空间的使用效率。

（3）按用途分类

按照用途分类，门主要分为卧室门、厨房门、客厅门、卫浴门等。

①卧室门。卧室门是卧室的视觉焦点之一，它的款式、材质和颜色都会影响卧室的整体氛围。卧室门从简单的单开门到复杂的嵌入式门，款式繁多。门的形状可以是矩形、圆形或椭圆形，也可以带有一些装饰元素，如雕花、玻璃窗或金属装饰条。门的尺寸可以根据卧室的大小进行调整，以确保门的比例与房间的布局和谐一致。

卧室门的材质多种多样，如木材、玻璃、金属、塑料等。木质门是最常见的选择，因为它具有良好的隔音效果，同时还能为卧室增添温馨的氛围。玻璃门适用于需要更多自然光的卧室。金属门通常适用于现代风或工业风的卧室，它具有良好的耐用性和防潮性能。塑料门在价格上有优势，适合预算有限的家庭。

卧室门的颜色可以根据卧室的整体色调和主人的喜好来选择。白色、浅木色和淡灰色等颜色是常见的选择，它们能够与各种室内设计风格相匹配。其他颜色，如深色或金属色，也可以给卧室带来不同的视觉效果。

②厨房门。厨房门通常用于隔绝油烟和蒸汽，同时保持厨房的空气流通和干净。厨房门常见的材质有木材、玻璃、铝合金等。应根据厨房的环境和使用需求，选择合适的材质。颜色应与厨房的整体装修风格相协调。浅色木质门通常适用于开放式厨房，而深色门则更适合封闭式厨房。常见的厨房门有推拉门、平开门和折叠门等。

③客厅门。客厅门通常用于连接内外空间，装饰家庭环境，以及控制室内光线。客厅门的样式和材质可以根据个人喜好和装修风格进行选择。常见的客厅门包括平开门、折叠门、推拉门等。门的材质包括木材、玻璃、金属等。选择材质时应该从隔音、防水、防尘、易清洁等方面考虑。

总之，客厅门是客厅的重要组成部分，应该根据个人喜好和装修风格进行选择，同时也要考虑功能、安全、保养等方面的问题。

④卫浴门。主要用于隔断和保护卫生间内的隐私。卫浴门主要包括木门、玻璃门、铝合金门、不锈钢门等。不同类型的卫浴门有不同的特点和适用场合。木质卫浴门通常具有较好的外观和良好的隔音效果，适用于豪华的卫生间。玻璃门是最常见的卫浴门，价格相对便宜，易于清洁，适用于大多数卫生间。铝合金门具有轻便、耐用、易于安装的特点，适用于小型卫生间。不锈钢门通常具有高强

度和耐腐蚀性，适用于需要长期使用的卫生间。

2. 成品木质门安装工艺

成品木质门的原材料通常为实木或合成木。实木材料通常为橡木、松木、胡桃木等硬质木材，而合成木则是由人造材料制成，如刨花板、密度板等。木质门的施工工艺因木质材料和安装方式的不同而有所不同。在施工过程中，需要注意安全，避免划伤、磕碰等意外情况。成品木质门安装工艺流程如下。

（1）在安装前，需要确保安装环境符合要求，如确保门洞宽度、高度符合门的规格。同时，需要清除门洞内的杂物和障碍物，并检查门洞是否平整。此外，需要准备好所需的工具和材料，包括木螺丝、门吸、发泡胶、玻璃胶等。

（2）测量门洞尺寸。根据木质门的尺寸，用墨线在墙上弹出垂直线和水平线，确保门框的安装位置正确。

（3）固定门框。将准备好的木质门放入门洞中，调整好位置，然后用木螺丝从门框的顶部开始固定，确保门框与门洞对齐。接着，从下至上依次固定门框，保证门框垂直且稳定。

（4）填充缝隙。在固定门框的过程中，门框与墙体的接缝处可能会有缝隙。为了确保门框稳定，需要用发泡胶填充这些缝隙，并确保发泡胶填充均匀，没有气泡和空隙。

（5）安装合页和锁。在确定门框没有问题后，需要在门上安装合页，以便于开关门。同时，需要安装锁。

（6）调试和固定。最后，需要再次检查门的垂直度和水平度，确保没有问题后，用木螺丝再次固定门框。同时，需要调整合页和锁的位置，以保证开关门顺畅和锁可以正常使用。

（7）验收。在门、窗施工完成后，需要对门、窗进行调试，确保开关灵活、无噪声、密封良好等。确保施工质量符合要求，如不符合要求需要进行返工或修复。

（8）成品保护。在木质门安装完成后，需要注意成品保护，避免其他施工项目对木质门造成损坏。

5.1.6 木质底板施工工艺

木质底板常用于室内墙面，可以做各种造型和给装饰打底，可以在木质底板表面覆盖墙纸、墙布、不锈钢板、木饰面等进行装饰。木质底板既能起到隔音、隔热、保温、吸音等作用，也能固定覆面材料。常用欧松板、大芯板等材料进行打底（如图 5-17）。

欧松板打底　　　　　　　　在打底板上安装饰面板

图 5-17　打底板及贴面板施工

1. 木质底板施工流程

（1）施工前，首先检查墙面水管、线管的布管路线，并做相应标记。特别要注意观察新建墙体或新抹灰墙面是否已经干燥，以免因为墙面潮湿而导致地板发霉。

（2）弹线，依据设计图纸和板材尺寸规格，在墙面上弹出水平标高线、垂直线、分割线。

（3）预埋木楔，依据墙面弹线位置，钻直径 10 ～ 12 mm 的孔，孔间距在 300 mm 以内为宜，并在孔内植入木楔。

（4）裁板，依据墙面分割线裁切板材。在墙面阳角收口处，饰面板与墙体之间的缝隙不采用其他专用阳角收口线条处理时，木质底板与墙边需要留有 5 mm 的间距，后期采用环氧树脂和锯木屑填平，这样在批荡和刮腻子时，能有效解决接缝处开裂的现象（如图 5-18）。

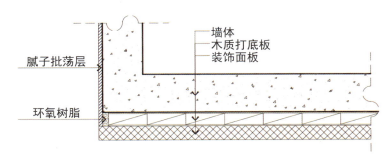

图 5-18　底板收口处理

（5）安装板材，在木质地板背面涂刷白乳胶，并贴敷防潮膜，以防止底板发霉、腐烂。

2. 木质底板施工质量验收

（1）检查表面平整度。采用 2 m 长的靠尺从水平方向、垂直方向检查，木质底板表面应平整，板与板之间高低落差 ≤ 1 mm（如图 5-19）。

图 5-19　木板打底验收

（2）检查正面及侧面垂直度。采用 2 m 长的靠尺从正面和侧面检查垂直度。垂直度偏差应 ≤ 1.5 mm。

（3）检查表面完整度。木质底板的尺寸应符合设计要求，表面无明显的裂缝。边缘整齐，无明显的扭曲和变形。

（4）检查安装是否稳固。木质底板与其他构件的连接部位应牢固，无松动。

5.2 石膏板吊顶材料及施工工艺

5.2.1 石膏板吊顶常用材料

（1）石膏板。石膏板是一种常用的建筑材料，主要由石膏和其他添加剂制成（如图5-20）。它具有轻质、隔热、隔音、防潮等特点，经济实惠，易于施工，适合用于家庭、办公室等场所的吊顶装修。石膏板根据用途可分为不同的种类，如耐水石膏板、耐火石膏板、普通纸面石膏板、吸音穿孔石膏板等。常见纸面石膏板尺寸规格为1 220 mm×2 440 mm、1 200 mm×2 400 mm，厚度为9.5 mm。吸音穿孔石膏板常见尺寸规格为600 mm×600 mm、800 mm×800 mm等，厚度为9.5 mm。

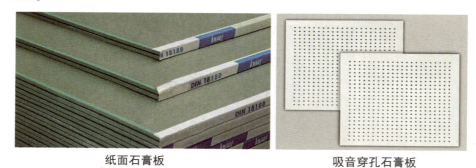

纸面石膏板　　　　　　　　　　吸音穿孔石膏板

图5-20　石膏板

纸面石膏板适合各类顶面造型，成为居住空间吊顶主要材料。为了整体设计效果，卫生间、厨房吊顶也逐步使用石膏板吊顶，但是，在这类水区空间进行石膏板吊顶施工时，我们需要采用耐水石膏板（防水石膏板）或硅酸钙板作为基材。

（2）轻钢龙骨。轻钢龙骨是以优质的连续热镀锌板带为原材料，经冷弯工艺轧制而成的建筑用金属骨架。用于以纸面石膏板、装饰石膏板等轻质板材做饰面的非承重墙体和建筑物屋顶的造型装饰。其具有材质轻、刚度大、防火性能好、便于安装、施工方便的特点。轻钢龙骨按用途分有吊顶龙骨和隔断龙骨，按断面形式分有"V"型龙骨、"C"型龙骨、"T"型龙骨、"L"型龙骨、"U"型龙骨。

吊顶龙骨主要分为主龙骨和副龙骨，其中，《建筑用轻钢龙骨》（GB/T 11981—2008）中提及 38 型主龙骨为 1.0 mm，50 型副龙骨为 0.5 mm（如图 5-21）。

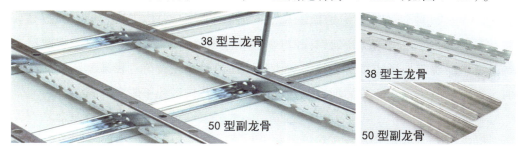

图 5-21 龙骨架

轻钢龙骨吊顶按其构造方式可分为单层龙骨吊顶和双层龙骨吊顶两种；按龙骨承受荷载能力又可分为上人吊顶与不上人吊顶两种。上人吊顶能承受上人检修的集中活荷载。一般来说，大型公共建筑，如大型宾馆的厅堂、候车室、候机大厅、商场营业厅、影剧院、会堂、展览厅等都应采用上人吊顶，这样有利于空调、其他电器、消防设备的维修和保养。

（3）石膏板螺丝。石膏板螺丝是一种用于固定石膏板材料的螺丝钉（如图 5-22）。石膏板螺丝的设计和规格因制造商和用途而异，但通常具有较长的头部和光滑的螺杆，以便在插入石膏板时不会损伤石膏板表面。常用的长度规格为 25 mm、35 mm。

图 5-22 石膏板螺丝

石膏板螺丝与其他自攻螺丝比较，具有以下特点。

①强度高。石膏板螺丝的螺钉材料通常为不锈钢，这样可以保证螺丝具有较高的强度和硬度，能够承受较大的压力和拉力。

②防锈性能好。石膏板螺丝的表面通常经过防锈处理，可以有效防止螺丝生锈，使螺丝保持长期稳定的工作状态。

③稳定度高。石膏板螺丝的稳定度较高，经过旋紧后不会出现松动现象，能够保证所连接材料的稳定和安全。

（4）白乳胶。一种常用的黏合剂，通常用于黏合木材、纸张、塑料等材料。它是一种水性乳白色液体，具有较好的黏附力和耐水性；主要成分是聚醋酸乙烯酯乳液，无毒、无害、无污染，对人体和环境都比较友好。做双层石膏板吊顶时，石膏板与石膏板之间需要涂刷白乳胶，以使两张石膏板紧密黏合在一起。

5.2.2 石膏板吊顶施工工艺

石膏板吊顶根据形状可以分为多种类型，如直线形吊顶、"L"形吊顶、凹凸形吊顶等；根据使用材料可以分为轻钢龙骨吊顶和木龙骨吊顶（如图 5-23）。不同类型的吊顶适用于不同的空间和场合，可以根据实际情况进行选择。石膏板吊顶施工工艺如下。

轻钢龙骨吊顶

木龙骨吊顶

图 5-23　轻钢龙骨及木龙骨吊顶

1. 弹线

熟悉图纸，根据图纸确定好安装高度，提前在墙上弹出龙骨的中心线及吊顶的水平基准线；并根据吊顶标高线分别确定及弹出边龙骨和承载龙骨所在平面的基准线，吊杆间距一般小于或等于 1 000 mm。

2. 主龙骨安装

将主龙骨安装在吊杆上，并通过吊杆螺帽调整主龙骨水平。一般要求在吊顶范围内每隔 1.2 ～ 1.6 m 设一根主龙骨，并要求安装牢固，无弯曲现象。

3. 副龙骨安装

将副龙骨卡装在主龙骨之上，以房间为单位排装好副龙骨，并通过调整主龙骨的高度，确保同一个面的所有副龙骨保持水平。副龙骨之间的间距一般为300 mm。

4. 石膏板安装

根据设计尺寸裁剪石膏板。裁切时应做到切割线平整无凹凸，切割好的石膏板无断裂，边角整齐；并将裁剪好的石膏板按照预定设计要求固定在吊顶扣件上。纸面石膏板的罩面大多采用横向安装的方式。吊顶面的排布一般从整张板的一侧开始，向另一侧逐步拼装。板与板之间要留有宽度为 7 mm 左右的缝隙。纸面石膏板要在自由状态下进行铺钉，以免造成凸鼓等现象。同时要注意，必须由板的中部向四边循序固定，不可多点同时施工。

纸面石膏板通常用自攻螺钉钉装，钉距在 170 mm 左右。自攻螺钉应嵌入板面，但不能过深或打穿。板的拼缝须在宽度小于 400 mm 的副龙骨之上，拼缝需要错缝安装。

5. 清洁与维护

施工完成后，清理施工现场，确保施工后的环境整洁。同时，在施工完成后的一段时间内，注意维护吊顶，避免吊顶长时间暴露在阳光下或者潮湿的环境中。

5.2.3 石膏板吊顶质量验收

石膏板吊顶质量验收是一项重要的工作，因为它直接影响装饰工程的整体质量和安全。验收时应使用相关的工具和设备，如卷尺、水平尺、测距仪等，以确保准确测量和评估石膏板吊顶质量。

（1）检查石膏板是否符合规格和质量标准。确保板材无裂缝、无孔洞、无变形，表面平整，颜色均匀。

（2）检查吊顶的安装是否牢固，无松动现象。吊顶的垂直度和平整度应符合标准。

（3）检查石膏板之间的接缝是否处理得当。接缝应均匀、平整，无裂缝、开裂等现象。双层石膏板吊顶，第一层石膏板接缝与第二层石膏接缝需要错位处理，两层石膏板接缝不能在同一个位置。吊顶转角处的石膏板应采取"7"形进行转角，以降低转角处石膏板开裂的概率（如图5-24）。

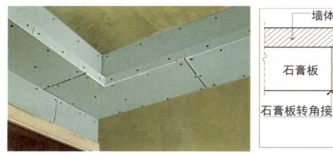

石膏板转角处理　　　　　　　　　　石膏板转角示意图

图 5-24　石膏板转角工艺

（4）检查石膏板裁板端接缝是否开了"V"槽。如果是双层石膏板吊顶，第二层石膏板裁板端接缝必须采用"V"槽（如图5-25），以便后期墙漆师傅能更好地处理填缝，避免接缝处开裂。

石膏 "V" 字接缝　　　　　　　　　　石膏板接缝示意图

图 5-25　石膏板接缝图

（5）检查吊顶上的灯具和其他装饰物是否安装牢固，以避免对吊顶造成损害。封石膏板之前需要检查吊灯、轨道灯、磁吸灯等位置是否采用大芯板进行了加固处理。

（6）检查吊顶上的电线和其他管线是否安全固定，以避免因吊顶变形而受到影响。

5.3　轻钢龙骨隔墙工程

轻钢龙骨隔墙工程是一种常见的建筑隔墙技术，它采用轻钢龙骨作为骨架，配合各种板材和连接件，形成一种具有良好隔音、防火、防潮性能的隔墙。

5.3.1 轻质隔墙材料选择

1. 轻钢龙骨

轻钢龙骨是隔墙的骨架，应选择符合标准的材料，以保证其强度和稳定（如图 5-26）。目前隔断工程使用的轻钢龙骨主要有支撑卡系列龙骨和通贯系列龙骨。

轻钢龙骨主件有沿顶（沿地）龙骨、加强龙骨、竖（横）向龙骨、横撑龙骨。轻钢龙骨配件有支撑卡、卡托、角托、连接件、固定件、护角条、压缝条等。沿顶（沿地）龙骨断面规格主要有 50 mm×40 mm、75 mm×40 mm、100 mm×40 mm、150 mm×40 mm 等。

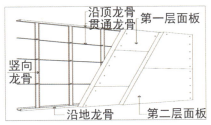

轻钢龙骨隔断　　　　　　　　轻钢龙骨隔断工艺图

图 5-26　轻钢龙骨隔墙

在选择材料时需要注意以下几个方面。

（1）轻钢龙骨材料的材质直接关系其强度、耐久性和安全性。常用的轻钢龙骨材料包括镀锌钢板、铝合金、不锈钢等，不同的材质具有不同的性能特点，需要根据具体的使用场合和需求来选择。

（2）轻钢龙骨材料的规格直接关系其承载能力和适用范围。在选择时需要根据建筑物的结构和装修需求来确定合适的规格。

（3）由于轻钢龙骨长期暴露在空气中，容易受腐蚀和氧化，因此需要进行防腐处理。常用的防腐处理方法包括表面涂层、镀膜等。

（4）在选择轻钢龙骨时需要注意厂家的生产规模、生产工艺、质量控制等方面。选择有信誉的品牌和生产厂家可以保证材料的质量和安全。

2. 板材

常用的板材有石膏板、硅酸钙板、水泥纤维板等，应根据施工需求选择合适的板材。

（1）石膏板是一种常见的建筑装饰材料，其主要成分是建筑石膏。石膏板具有轻质、防火、隔音、隔热等特点，被广泛用于室内外隔墙、天花板、吊顶等装饰工程项目中。

（2）硅酸钙板是一种无机人造板材（如图5-27），其主要成分是硅酸钙复合胶状物质，具有高强度、强耐水性、防火、隔音等特点。硅酸钙板广泛应用于室内外隔墙、天花板、地面等，其优越的性能使其在建筑装饰领域中得到了广泛的应用。

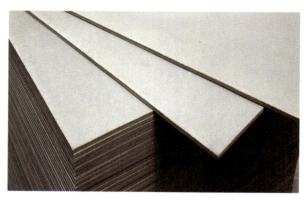

图 5-27　硅酸钙板

（3）水泥纤维板是一种以水泥为主要原材料（如图5-28），加入适量的纤维增强材料和轻质添加剂，经过成型、养护等工艺制成的建筑板材。水泥纤维板具有轻质、高强度、强耐久性、防火等特点，被广泛应用于室内外墙面、天花板等装饰工程项目中。其表面可以喷涂各种涂料，可以改善装饰效果。

图 5-28　水泥纤维板

3．连接件

连接件用于连接龙骨和板材，应选择质量可靠的连接件。在轻钢龙骨的安装过程中，连接件的选择是非常关键的一步。连接件的主要作用是帮助轻钢龙骨在结构上保持稳定，同时提供足够的支撑力，确保建筑物的安全。根据不同的安装需求和环境，可以选择不同类型的连接件。

（1）固定件（用于将轻钢龙骨固定在混凝土结构上）。如果轻钢龙骨需要固定在混凝土结构上，可以选择膨胀螺栓或预埋件等固定件。这些固定件能够将轻钢龙骨牢固地固定在混凝土结构上，为其提供稳定的支撑。

（2）连接件（用于轻钢龙骨之间的连接）。轻钢龙骨通常需要相互连接以形成完整的结构。可以选择各种类型的连接件，如螺栓、铆钉、焊接件等。这些连接件能够将轻钢龙骨牢固地连接在一起，形成稳定的结构体系。

（3）悬吊件（用于将轻钢龙骨悬挂在梁上）。如果轻钢龙骨需要悬挂在梁上或其他支撑物上，可以选择悬吊件。悬吊件通常包括吊杆、吊钩等，能够将轻钢龙骨牢固地悬挂在梁上或其他支撑物上。

（4）锚固件（用于将轻钢龙骨固定在潮湿或重载的环境中）。在潮湿或重载的环境下，选择合适的锚固件非常重要。可以选择防水膨胀节、防滑钉等锚固件，它们能够将轻钢龙骨牢固地固定在相应的环境中，防止轻钢龙骨发生移动或变形。

5.3.2 轻钢龙骨隔墙施工工艺

1. 工艺流程

轻隔墙放线 → 安装门洞口框 → 安装沿顶龙骨和沿地龙骨 → 竖向龙骨分档 → 安装竖向龙骨 → 安装横向龙骨卡档 → 安装石膏罩面板 → 接缝 → 面层施工（如图 5-29）。

图 5-29　轻钢龙骨隔墙

2. 工艺要求

（1）弹线。根据设计要求确定轻钢龙骨的安装位置，并在墙面上弹线标明轻钢龙骨的位置。

（2）安装沿地龙骨和沿顶龙骨。根据弹线确定轻钢龙骨的安装高度和位置，安装沿地龙骨和沿顶龙骨。用射钉将沿顶龙骨和沿地龙骨固定于主体上，钉距为 600 mm。靠墙、柱边的轻钢龙骨用射钉或螺丝固定在墙、柱上，钉距为 1 000 mm。

（3）安装竖向龙骨。根据设计要求在竖向龙骨上开孔洞，安装横向连接龙骨，调整好龙骨之间的间距和垂直度。竖向龙骨分档尺寸为 450 mm。隔墙高度大于 3 m 时应加横向穿心龙骨。

（4）安装罩面板。根据所选罩面板的材质和规格，将罩面板固定在轻钢龙骨上，确保平整无缝隙。板边钉距为 200 mm，板中钉距为 300 mm，螺钉距石膏板边缘的距离不得小于 10 mm，也不得大于 16 mm。

（5）收尾工作。清理施工现场，检查施工质量，检查隔墙的牢固性和防水性能。

3. 施工需要注意的问题

（1）轻钢龙骨隔墙应安装在平整坚实的基面上，以确保隔墙的稳定。同时，为了提高隔墙的隔音效果，可以在隔墙内部填充隔音棉。

（2）安装轻钢龙骨时，应确保龙骨之间的间距和垂直度符合设计要求，避免出现倾斜或弯曲。

（3）安装固定件时，应确保钻孔深度适中，避免破坏墙体的结构。

（4）罩面板应按照顺序逐块安装，确保平整无缝隙，避免出现空鼓或翘起。安装双层罩面板时，第一层罩面板的接缝需要与第二层罩面板的接缝错位安装。

（5）施工过程中应注意安全，佩戴安全帽、安全带等防护用品，确保施工人员的安全。

（6）施工完成后应进行质量检查，确保隔墙牢固，且防水性能达到设计要求。

5.3.3 轻钢龙骨隔墙质量验收

轻钢龙骨隔墙质量验收过程中，应遵循每批次抽检至少抽检10%，并不得小于 3 间；不足 3 间时应全数检查。其具体验收内容主要包括以下几个方面。

（1）隔墙所用的龙骨、配件、板材，以及填充材料的品种、规格、性能等应符合设计要求。

（2）龙骨间距符合设计要求，龙骨之间的连接方法符合设计要求，龙骨固定牢固，位置正确，且表面平整、垂直。

（3）面板材料安装牢固，无脱层、翘曲、折裂、缺损等问题。采用 2 m 长的靠尺进行平整度和垂直度检查，误差小于或等于 3 mm 为合格。

（4）面板材料接缝均匀、顺直，接缝高低误差不大于 1 mm。

（5）检查固定面板材料的钉距是否均匀，板边钉距应为 200 mm，板中钉距为 300 mm，螺钉距石膏板边缘的距离不小于 10 mm，也不大于 16 mm。确认所有面板材料边缘是否都固定在了轻钢龙骨骨架上。

【本章课后思考】

（1）衣柜安装时用了 2.4 m 高的柜门，柜门在一段时间后变形较为严重，试分析发生该现象的原因有哪些？

（2）厨房及卫生间采用石膏板吊顶的时候，我们应该如何选择石膏板材料？施工过程中需要注意哪些问题？

6　漆面装饰工程

油漆在装饰工程中起着至关重要的作用，它不仅能赋予物体表面色彩和提升物体质感，还能保护物体免受环境侵蚀。在装饰工程项目中，漆面工程主要包括木质油漆工程和墙顶油漆工程两大板块。

6.1 木质油漆材料及施工工艺

6.1.1 木质油漆材料

家具涂料常被称为"油漆"，其主要成膜物质以油脂、分散于有机溶剂中的合成树脂或混合树脂为主。

1. 按照组成成分分类

目前市场上装修木器漆主要有 NC 漆（硝基漆）、PU 漆（聚酯漆）和 W 漆（水性木器漆）。

（1）NC 漆（硝基漆）。主要成膜物以硝化棉为主，配合醇酸树脂、改性松香树脂、丙烯酸树脂、氨基树脂等软硬树脂共同组成。一般还需要添加邻苯二甲酸二丁酯、二辛酯等增塑剂。

优点：干燥速度快，易翻新修复，配比简单，施工方便，手感好。

缺点：环保性相对 PU 漆、W 漆而言较差，容易变黄，高光泽效果较难做出，施工遍数多，涂装成本高，容易老化等。

适合群体：美式涂装工艺，即家里面需要刷漆的工艺品比较多，这部分工艺品建议用 NC 漆涂刷，但是其他大面积装修区域不建议用 NC 漆。

（2）PU 漆（聚酯漆）。聚酯漆也叫不饱和聚酯漆，是一种多组分漆，是以聚酯树脂为主要成膜物制成的一种厚质漆。

优点：硬度高，耐磨，耐高温，耐水性强，固含量高（50%～70%），施工效率高，涂装成本低，应用范围广。

缺点：对施工环境要求高，漆膜损坏不易修复，配漆后使用时间受限制，层间必须打磨，配比严格。

适合群体：大多数家庭。

（3）W漆（水性木器漆）。水性木器漆是以水为稀释剂的漆。

优点：环保性相对NC漆、PU漆而言要好很多。同时相对NC漆、PU漆而言它还具备不易黄变、干燥速度快和施工方便的优点。

缺点：要求施工环境温度不能低于5℃或相对湿度在55%～80%为宜，相比PU漆，它的硬度稍差，且全封闭工艺的造价高于PU漆、NC漆。

适合群体：建议有消费能力的家庭在装修时都使用水性木器漆，如果条件稍受限制，可以考虑做开放式工艺或半开放式工艺，这样成本跟PU漆相比高的不多或者稍高一些。

2. 按照表面光度分类

按照表面光度可分为亮光漆、半哑光漆和哑光漆（如图6-1）。

（1）亮光漆的特点是具有高光泽度、高反射性和耐磨性。当光线照到亮光漆表面时，它会反射明亮、闪耀的光芒，给人一种非常光滑和亮丽的感觉。

（2）半哑光漆的特点在于光泽度适中，既不会过于刺眼，也不会过于暗淡，能够为家居环境营造出一种温馨、舒适的感觉。

（3）哑光漆是一种特殊的涂料，具有光滑的表面，但不会像亮光漆那样能反射强烈的光线，低反光性使得它不会产生刺眼的光线，光泽柔和、自然，给人一种低调、舒适的感觉。

亮光漆　　　　　　　　半哑光漆　　　　　　　　哑光漆

图6-1　按表面光度分类

3. 按照漆面呈色分类

按照漆面呈色可分为清漆和混漆。

（1）清漆（如图6-2）。一种不含颜料的透明或带有淡淡黄色的涂料，光泽好，成膜快，用途广。主要成分是树脂和溶剂或树脂、油和溶剂。涂于物体表面后，形成具有保护、装饰和特殊性能的涂膜，干燥后形成光滑薄膜，显出物面原有的纹理。清漆具有透明、光泽好、成膜快、耐水性强等特点，缺点是涂膜硬度不高，耐热性差，在紫外线的作用下易变黄等。

图6-2　清漆

清漆分为油基清漆和树脂清漆两大类，常见清漆有酯胶清漆、酚醛清漆、硝基清漆、聚酯酯胶清漆等。①酯胶清漆。又称耐水清漆，干性油与多元醇松香酯经熬炼后，加入催干剂、200号油漆溶剂油调配而成。漆膜光亮，耐水性强，但光泽不持久。用于涂饰木材面，也可作金属面罩光。②酚醛清漆。俗称永明漆，由干性油酚醛涂料、催干剂、200号油漆溶剂油制成。干燥较快，漆膜坚韧耐久，光泽好，耐热性好、耐水性强、耐弱酸碱，缺点是漆膜易泛黄、较脆。用于涂饰木器，也可涂于油性色漆上作罩光。③硝基清漆。由硝化棉、醇酸树脂、增韧剂溶于酯、醇、苯类混合溶剂中制成，光泽好、耐久性良好。用于涂饰木材及金属面，也可作硝基外用磁漆罩光。④聚酯酯胶清漆。涤纶下脚料、油酸、松香、季戊四醇、甘油经熬炼后，加入催干剂、200号油漆溶剂油、二甲苯制成。漆膜光亮，用于涂饰木材面，也可作金属面罩光。

（2）混漆（如图6-3）。又叫混水漆，是含有各种颜色，又可以覆盖底漆的混合物。干燥后形成光滑薄膜，只显示油漆本身颜色，不显示物体表面原有的纹理。涂于物体表面后，形成具有保护、装饰和特殊性能的涂膜。

图6-3　混漆

4.按照油漆功能作用分类

按照油漆功能和作用可分为底漆和面漆（如图6-4）。

（1）底漆。是油漆施工系统中的第一层漆面，用于提高面漆的附着力，增强面漆的抗碱性、防腐性等，同时可以保证面漆均匀吸收。根据涂装要求，底漆可分为头道底漆、二道底漆等。

（2）面漆。又称末道漆，是在多层涂装中最后涂装的一层涂料。它覆盖于基材表面。面漆的主要作用是提供装饰效果，同时保护底漆和腻子所形成的涂层，防止外部环境损害涂层。在户外使用的面漆要选用耐候性优良的涂料。面漆的装饰效果和耐候性不但取决于所用漆基，而且与所用的颜料及配制工艺关系很大。

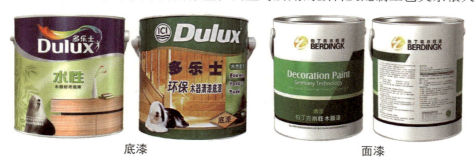

底漆　　　　　　　　　　　　　　　　面漆

图6-4　底漆与面漆

6.1.2 油漆辅助材料

油漆辅助材料是指在油漆施工过程中，用于增强油漆性能、改善施工体验、提高涂装效率的辅助用品。常见的油漆辅助材料有稀释剂、固化剂、腻子、砂纸等。

（1）稀释剂。也被称为调和剂或溶剂，是一种能够降低液体浓度或稀释液体颜色的物质。在使用稀释剂时，需要注意几个方面，首先，不同的液体需要不同的稀释剂来达到最佳的稀释效果。因此，我们需要根据需要稀释的液体选择合适的稀释剂。其次，稀释剂的使用量应该适量，过多或过少都可能影响稀释的效果。再者，稀释剂通常含有一些有害物质，因此我们应该遵循安全操作规程，避免吸入或接触这些物质。

（2）固化剂。由金属氧化物与有机化合物组成。这些化合物在涂料中与油漆混合后，会发生化学反应，产生热量和气体，使油漆从液体状态转变为固体状态的同时，还能够提高涂层的附着力和耐久性。在调固化剂时，过多的固化剂会导致涂层过度硬化，影响涂层的附着力和耐久性，而过少的固化剂则无法达到预期的效果。特别是混合不均匀时，涂层可能会出现颜色差异或气泡等问题。

（3）腻子。装修工程中的许多饰面工程都要使用腻子，如用腻子对基层表面的坑槽、缝隙、孔眼等进行嵌批填充或全面覆盖、找平。腻子多是由大量的体质颜料与黏合剂、漆料、颜料、水或溶剂等组成。常用的体质颜料有碳酸钙、硫酸钙、硅酸钙、硫酸锌钡等；黏合剂多采用熟桐油、清漆、合成树脂溶液、聚酯乙烯乳液、聚乙烯醇缩甲醛胶等。腻子对基层的附着力、强度及耐老化性都会影响饰面的质量。而且腻子质量的好坏，往往会影响整个涂层的质量。腻子要根据基层底漆、面漆的性质配套选用。常用的腻子可分成油性腻子、水性腻子及漆基腻子，其中水性腻子一般都是现场调制。

（4）砂纸。用于打磨涂层表面，提高涂层的平滑度和美观度。砂纸有多种不同的粒度，可以根据需要选择。粗粒度的砂纸适合粗加工和打磨，而细粒度的砂纸则更适合精细打磨和抛光。通常砂纸型号根据砂粒的粗细和厚薄程度来区分，如400号以上的砂纸，称为细砂纸，适用于雕刻和抛光木质、金属等表面。600号到800号的砂纸，称为中等粒度砂纸，适用于粗糙物体的表面打磨和抛光。1 000号到1 500号的砂纸，称为粗粒度砂纸，适用于对表面要求不高的物体，如打磨木材表面的浮灰。

6.1.3 木质家具油漆施工工艺

木质家具油漆施工工艺分为清漆施工工艺和混漆施工工艺。清漆施工工艺可以呈现木质本身的颜色及纹理，若既需要改变颜色又需要呈现木质纹理，则可以采用擦色工艺，擦色是指用擦布沾透明色精，在木材表面均匀擦涂，使木材改变原来的颜色。混漆施工工艺不呈现木质本身颜色及纹理，仅呈现油漆本身的颜色。

1. 清漆施工工艺

（1）施工步骤

①准备工作。首先，根据家具的材质和预期效果选择合适的油漆。其次，准备好所需的工具，如砂纸、刷子、滚筒、搅拌碗等。再次，确保木材表面干净，无尘土和油脂。最后，确保施工环境干净。

②填补钉眼。将适量的原子灰均匀地涂抹在钉眼处，确保原子灰覆盖整个钉眼及其周围的区域。可以使用刮板轻轻地将原子灰刮平，使其与木材表面齐平。

③打磨。使用砂纸轻轻打磨表面，使表面光滑。注意不要打磨过度，以免破坏表面。

④涂底漆。在打磨后的表面涂上一层底漆，以增强清漆的附着力并防止清漆开裂。底漆通常需要干燥一段时间。

⑤涂清漆。将清漆均匀地涂在底漆上，注意不要涂得太厚或太薄，以免影响效果。通常需要多次涂刷，直到达到满意的效果。

（2）施工注意事项

①施工环境。清漆施工需要在干燥、通风、无尘的环境中进行。避免在潮湿、高温、有灰尘的环境中施工，以免影响涂层的附着力、干燥速度和外观质量。

②施工工具。使用专业的喷枪、刷子等工具进行涂装，以确保涂层的均匀和美观。

③涂层厚度。涂层厚度应控制在合适的范围内，过厚会导致涂层开裂、起泡等问题，过薄则会影响装饰效果。

④干燥时间。清漆需要一定的时间才能完全干燥，环境温度和湿度不同，干燥时间也不同。在干燥过程中，应该避免涂层受到污染和机械损伤。

⑤维护保养。涂装完成后，应该定期进行维护保养，如清洁表面、检查涂层有无破损等，以确保涂层的完整和美观。

2.擦色施工工艺

（1）施工步骤

①打色彩样本。在购买油漆时，可以依据设计效果，参考材料商提供的色卡，选定颜色，并通过电脑进行调色做色彩样本。色彩样本确认后，统一按照比例通过电脑调施工所需要的油漆。

②场地清理。首先清理木质家具表面的灰尘，确保表面干净，无尘土和油脂，同时清理施工垃圾，确保环境干净。

③填补钉眼。将适量的原子灰均匀地涂抹在钉眼处，确保原子灰覆盖整个钉眼及其周围的区域。可以使用刮板轻轻地将原子灰刮平，使其与木材表面齐平。

④打磨。使用砂纸轻轻打磨表面，使表面光滑。注意不要打磨过度，以免破坏表面。

⑤涂刷底漆。在打磨后的表面上涂上一层底漆，以增强擦色剂的附着力及保护饰面板材。底漆通常需要干燥一段时间。

⑥涂刷擦色剂（如图6-5）。将准备好的擦色剂涂抹在饰面板表面，并用柔软的布或海绵轻轻擦拭。擦拭时要均匀地涂抹和擦拭，确保饰面板表面颜色一致。

擦色后　　　　　　　　　　　　擦色前

图6-5　擦色前后对比

⑦喷涂清漆。喷涂要均匀，不得太厚或太薄，不能产生流坠现象。

（2）施工注意事项

①避免使用含有有害化学物质的擦色剂，以保护环境和人体健康。

②处理在高湿度或高温环境中使用的饰面板时，应特别小心，以防饰面板变形或变色。

③在处理深色或颜色鲜艳的饰面板时，应特别注意颜色是否均匀，是否存在

过度处理的情况，以免影响最终效果。

④需要在施工现场依据样板进行擦色试验，把控达到样板颜色所需的时间后，再进行大面积施工。

⑤因调色、施工等不同环节的差异，成品与样品存在一定色差难以避免。擦除过程中应避免流坠、叠色等情况，也不能留死角。

3. 混漆施工工艺

（1）施工步骤

①准备工作。首先根据设计风格，确定油漆颜色，并准备好所需的工具，如砂纸、刷子、滚筒、搅拌碗等。其次确保木材表面干净，无尘土和油脂。最后确保施工环境干净。

②填补钉眼。将适量的原子灰均匀地涂抹在钉眼处，确保原子灰覆盖整个钉眼及其周围的区域。可以使用刮板轻轻地将原子灰刮平，使其与木材表面齐平。

③打磨。使用砂纸轻轻打磨表面，使表面光滑。注意不要打磨过度，以免破坏表面。

④涂底漆。在打磨后的表面涂上一层底漆，以增强面漆的附着力并防止面漆开裂。底漆通常需要干燥一段时间。

⑤涂面漆。将确定好颜色的面漆均匀地涂在底漆上，注意不要涂得太厚或太薄，以免影响效果。通常需要多次涂刷，直到达到满意的效果。

（2）施工注意事项

①施工环境。混漆施工需要在干燥、通风、无尘的环境中进行。避免在潮湿、高温、有灰尘的环境中施工，以免影响涂层的附着力、干燥速度和外观质量。

②施工工具。使用专业的喷枪、刷子等工具进行涂装，确保涂层的均匀和美观。

③涂层厚度。涂层厚度应控制在合适的范围内，过厚会导致涂层开裂、起泡等问题，过薄则会影响装饰效果。

④干燥时间。混漆需要一定的时间才能完全干燥，环境温度和湿度不同，干燥时间也不同。在干燥过程中，应该避免涂层受到污染和机械损伤。

⑤维护保养。涂装完成后，应该定期进行维护保养，如清洁表面、检查涂层

有无破损等，以确保涂层的完整和美观。

6.2　墙顶漆面材料及施工工艺

6.2.1　墙顶漆面材料

在室内装饰工程中，墙顶批灰材料主要有找平石膏、腻子粉、阴阳角线、玻璃纤维网、接缝王、墙面漆等。

1. 找平石膏

找平石膏（如图 6-6），又叫粉刷石膏，是一种常用的建筑材料，主要用于填补基层表面，其找平厚度可以超过 5 mm。它通常由石膏粉和水混合而成，具有较高的黏附性和可塑性，可以轻松地填补不平整的区域。在使用找平石膏时，需要注意一些关键点。首先，需要将石膏粉和水充分混合，直到形成均匀的膏状物。其次，需要将找平石膏均匀地涂抹在需要处理的区域。最后，找平石膏完全干燥通常需要几天时间，待完全干燥后再进行后续施工。

图 6-6　找平石膏

2. 腻子粉

腻子粉是一种常用的建筑材料（如图 6-7），通常用于墙面和天花板等表面的找平处理。腻子粉是由多种材料混合而成，包括石膏、滑石粉或双飞粉等，并添加了适量的助剂以改善其性能。腻子粉可以有效地填补墙面和天花板表面的不平整，使表面光滑平整，其找平厚度不宜超过 5 mm。腻子粉主要分为外墙腻子和内墙腻子。外墙腻子是一种由多种材料混合而成的涂料，通常包括水泥、纤维素、滑石粉等。外墙腻子具有很好的附着力，可以牢固地附着在墙面上，同时具有很好的耐水性和耐候性，能够长期保持外墙的美观。内墙腻子的主要成分包括水泥、纤维素、填料和助剂等，是一种常用的墙面装饰材料，通常用于对墙面进行刮平、填平、打磨和找平等处理。它是经过精细研磨和添加了多种添加剂的粉末状材料，具有细腻、均匀、持久光滑的特点，其耐水性和耐候性较差，仅适合室内墙顶面使用。

图 6-7　腻子粉

3. 阴阳角线

批墙面腻子时使用的阴角线和阳角线都是 PVC 材料的（如图 6-8），阴角线可以增加角线的挺拔感和美观；阳角线的作用主要是保护阳角不受损坏，装饰墙角。在批墙面腻子时，需要将阴角线、阳角线与墙面结合在一起处理，以保证阴角线、阳角线的牢固和美观。同时，需要注意阴角线、阳角线的安装角度和位置，确保它们与墙面相交处没有明显的缝隙和不平整的现象。

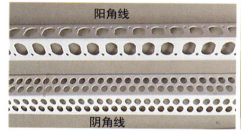 

图 6-8　阴角线、阳角线

4.玻璃纤维网

玻璃纤维网是由玻璃纤维制成的，它们通常被编织成细密的网格，以确保其能够牢固地附着在墙面上（如图6-9）。这些纤维具有良好的抗拉性能，可以增强腻子与墙面的结合力。在批墙面腻子的过程中，玻璃纤维网被用作一道额外的防护层。它不仅有助于腻子更好地附着在墙面上，还能防止腻子在干燥过程中开裂或脱落。这种网状材料还能吸收腻子中的水分，降低腻子过于干燥或潮湿的可能性。玻璃纤维网常见的宽度规格有100 mm和1 000 mm，100 mm宽的玻璃纤维网主要用于接缝处理，1 000 mm宽的玻璃纤维网主要用于整体墙面。

图6-9 玻璃纤维网

5.接缝王

接缝王是油漆的一种，是装饰物体时的一种涂料产品（如图6-10）。它能够将各种不同材料之间的接缝完美地连接起来，使之形成一个整体。接缝王不仅具有极强的抗裂性能、附着力及优越的堆积性能，还有柔韧性好、坚固耐磨、耐水性强、耐腐蚀、耐黄变、不透色、安全环保、施工简易、干固时间适中的特点。干固时间适中即能迅速定型，在20～25℃下2小时以内干固，实干24小时，3天达到最佳硬度。干透后接缝处形成高密度、高强度网状涂层。它主要用于处理石膏板接缝，由A、B两组成分调和使用。

A胶、B胶按 1:1 的比例混合搅拌后使用

图 6-10　接缝王

6. 墙面漆

墙面漆是一种用于涂刷墙面的涂料（如图 6-11）。它是一种由颜料、乳液、合成树脂等成分组成的液体，具有防水、耐污、耐候性等优点，并且具有光滑、美观的表面，能给人一种舒适的感觉。墙面漆分为内墙漆和外墙漆。内墙漆是一种用于涂覆内墙表面的涂料，通常用于保护和装饰内墙表面。内墙漆通常由水性涂料组成，不含有害物质，不会对人体和环境造成危害，有防霉型、抗碱型和耐擦型等。内墙漆分为底漆和面漆，常见为白色，如要改变颜色，需要在白色漆中加入色精进行调和。外墙漆是一种用于涂覆建筑外墙的涂料，用于保护和装饰外墙。外墙漆通常由合成树脂、颜料、填料和添加剂等组成。它具有防水、耐候性、耐磨、耐污等性能，能够抵抗外部环境的影响，保持外墙的外观和保护外墙不受损坏，常用于室内厨房、卫生间顶面。

图 6-11　墙面漆

墙面漆的选择需要从以下几个方面考虑。

（1）环保指标

①VOC含量。现在国家实行的是强制性执行标准，即VOC ≤ 200 g/L。VOC对人体的影响有3种类型：气味和感官效应；黏膜刺激和其他系统毒性导致的病态；某些挥发性有机化合物被证明是致癌物或可疑致癌物。

②甲醛含量。现在国家实行的是强制性执行标准，即甲醛含量 ≤ 100 mg/kg。甲醛本身毒性较高，对蛋白质有很强的凝固作用，能和核酸的氨基及羟基结合使其变性，会影响胃酶和胰酶，进而影响代谢机能，其蒸气对啮齿动物有致癌作用。

③重金属含量。重金属主要是指可溶性铅、镉、铬、汞等物质，某些重金属在一定浓度内是人体必需的微量元素，但进入人体的量超过人体所能耐受的限度后，即可造成严重的生理损害，引发多种疾病。铅中毒对儿童来说更为严重，儿童对铅有特殊的易感性。美国联邦法规CFR1303规定铅含量大于60 mg/kg的涂料为含铅涂料，禁止在公共场所或室内装饰用。

（2）性能指标

①耐擦洗次数。耐擦洗次数主要取决于乳液的含量和质量，而这个主要原材料也决定了墙面的主体性能，如耐擦洗次数、耐候性及保色性等功能。好的墙面漆产品的耐擦洗次数基本都在5 000次以上，对于市场上的超白产品更要注重耐擦洗次数。

②具有防霉、抗菌性能或超白性能，或者防水功能。

6.2.2 墙顶漆面施工工艺

墙顶批灰工艺是装饰工程项目中的最后一道工序，也是整个装饰工程质量的面子工程，其质量的好坏将直接影响用户的体验感和舒适度。高质量的墙漆施工能够确保墙面平整、光滑，减少因施工不当导致的墙面裂缝、起泡等问题，从而提高墙面的美观度。因此，重视墙顶批灰及滚涂墙漆的施工质量，选择合适的墙漆品牌和施工队伍，是确保家居环境安全、舒适的重要保障。墙顶批灰施工流程如图6-12所示。

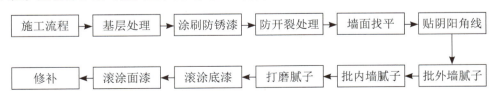

图6-12　墙顶批灰施工流程

（1）基层处理。清理墙面，确保表面干净，无杂物。

（2）涂刷防锈漆。给石膏板螺丝涂刷防锈漆是一项重要的维护措施，可以防止螺丝在批荡和刮腻子后发生氧化作用而生锈，进而导致顶面出现黄色的斑点。在给石膏板螺丝涂刷防锈漆时，首先需要确保螺丝已经正确安装并固定在石膏板上。接下来，使用适当的工具和涂料，将防锈漆均匀地涂刷在螺丝上。确保油漆覆盖整个螺丝表面，并且不要留下任何空隙或气泡。

（3）防开裂处理。除了需要正确安装石膏板以外，还需要对石膏板之间的接缝采用专用接缝王或防开裂腻子进行填实，并在接缝处粘贴玻璃纤维网格带或牛皮纸，再批上腻子，这样能有效减少裂缝的产生。

（4）墙面找平。在施工过程中，如果基层表面不平整，后续的施工效果会受影响，墙面、顶面在灯光照射下会出现明暗起伏，影响美观。因此，对于原建筑墙顶面平整度不好的情况，需要使用找平石膏对基层进行找平处理，基础面平整度较好的可以采用 2 m 长的铝条进行整体批刮，基础面平整度比较差的需要采用冲筋的方式进行找平。经过找平处理的基层表面更加平整光滑，有利于装饰材料更好地附着在墙面上，如腻子、涂料等，从而提高整体装饰效果。

（5）贴阴阳角线。阴阳角线主要用于墙面和天花板阴阳角的装饰和保护，可以使墙面、顶面阴阳角挺拔、顺直。它将腻子作为黏合剂。在贴阴阳角线时，应该先将阴阳角线轻轻地贴在墙上，确保阴阳角线与墙面贴合。然后，用工具将阴阳角线与墙面之间的缝隙填满，确保缝隙大小均匀。最后，用腻子将阴阳角线与墙面的交界处抹平，使其与墙面平齐（如图 6-13）。

图 6-13　贴阴阳角线

（6）批外墙、内墙腻子。批腻子的主要目的是为了提高墙面和天花板表面的平整度和光滑度，为后续的涂料施工打下良好的基础。首先在墙面满挂玻璃纤维网，批一遍外墙腻子，待完全干透后，再批内墙腻子。批腻子之前需要将墙面和天花板清理干净，去除表面的灰尘和污垢，并滚涂墙固，以确保腻子能够更好地附着在墙面上。批腻子的厚度不能太厚也不能太薄，否则会影响墙面的平整度和光滑度。一般来说，批腻子的厚度应该在 2 ～ 3 mm。

（7）打磨腻子。打磨腻子的主要目的是为了使墙面或天花板表面更加光滑、平整，以保证装饰效果。通过打磨，可以消除腻子表面可能存在的凹凸不平、孔洞、刮痕等问题，使其更加均匀、平滑。这有助于提高墙面的耐用性，减少墙面起泡、开裂和脱落等现象的发生。打磨工具有砂纸、砂轮、电动打磨机等。根据需要，使用不同的砂纸或砂轮，以获得所需的打磨效果。在打磨过程中，需要注意力度和速度，避免过度打磨或损伤墙面。通常需要将墙面或天花板表面分成若干区域，逐个区域进行打磨，以确保均匀平整（如图 6-14）。

图 6-14　打磨腻子

（8）滚涂底漆、面漆。滚涂墙漆时采用滚筒涂装的方法，即将涂料均匀地涂在滚筒上，再将其涂在墙面上，以达到均匀涂装的效果（如图 6-15）。一般需要滚涂一遍底漆，两遍面漆。施工过程中，需要注意细节和技巧，以确保施工质量和使用效果。首先，使用鸡毛掸子清理打磨时吸附在墙面的粉尘。其次，要确保滚筒的表面光滑、干净，没有杂质。再次，使用滚筒时，要掌握好力度和角度，从上到下、从左到右进行涂刷，确保涂料均匀覆盖在墙面上，避免出现色差和涂层不均匀的情况。最后使用羊毛刷涂刷阴角线及墙面细节处。如果墙面后期需要贴墙纸或墙布等，墙面则不需滚涂墙漆。

图 6-15　滚涂墙漆

（9）修补。这是整个装饰工程中的最后一道程序，墙顶漆面工程完成后，在后续进行灯具、开关面板、定制家具、木地板等相关项目的安装过程中，多少会对墙顶漆面造成磕碰、弄脏等，因此，在所有安装工程完成后，墙漆师傅需要对墙面、顶面做最后的修补，在确保项目完工后的整体施工质量和效果无问题后再进行竣工交付。

6.2.3 墙顶漆面工程质量验收

（1）检查墙面是否平整，是否有明显的凸起或凹陷，安装的踢脚线是否平直。可使用 2 m 长的靠尺和塞尺进行检查，缝隙不超过 0.5 mm 为合格（如图 6-16）。

（2）观察墙漆是否存在明显的色差、涂刷不均匀等问题。同时，还应检查墙漆上面是否完全覆盖腻子，没有明显的漏涂或少涂现象。

（3）检查墙漆表面是否存在起皱、流坠、砂眼、起皮、气泡等现象，以及表面是否有刷痕或刷毛（如图 6-17）。

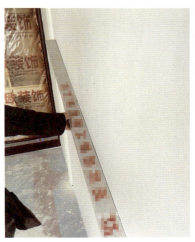

图 6-16　墙顶漆面工程平直度检查

起皱　　　　　　　　流坠　　　　　　　　砂眼

图 6-17　墙体漆面常见问题

（4）在墙面滚涂不同颜色的墙漆时，检查分色线是否平直、清晰。

【本章课后思考】

（1）在墙面批腻子时，对于光滑的钢筋混凝土墙面，需要采用什么施工工艺？请简述原因。

（2）墙漆施工项目完成验收后，墙面出现裂纹，试分析产生该现象的原因有哪些？解决方案有哪些？

7　工程收尾及配套工程

7.1 水电安装工程

7.1.1 灯具安装

室内装饰工程项目中常用的灯具主要有吸顶灯、吊灯、磁吸轨道灯、线性灯、筒灯、射灯等，在安装过程中，需要注意以下几点。

（1）在施工现场检查所购置的灯具是否符合空间设计需求，规格、型号及数量是否匹配。检查灯具是否有损坏或缺陷，确保灯具能够正常工作。

（2）安装吸顶灯、吊灯时，需要先根据安装位置，测量好吸顶灯或吊灯安装位置，按照说明书进行安装。特别需要注意的是，如果吸顶灯或吊灯是安装在石膏板吊顶表面，那么在前期木工进行石膏板吊顶施工时，就需要在安装吸顶灯或吊灯的位置用大芯板进行加固处理，否则灯具因石膏板无法固定安装螺丝而发生坠落。

（3）嵌入式线性灯或磁吸轨道灯需要在木工施工阶段预埋好相关配件，比如铝制灯槽、磁吸轨道等（如图7-1）。安装过程中，需要将电源线连接到灯具上，再将灯带固定在灯槽里，要确保连接正确，不会出现短路或断路的情况。

（4）安装筒灯、射灯时，开孔尺寸需要符合灯具开孔要求，在家居空间中常见的开孔直径是75 mm。特别需要注意的是，同一平面中或同一条线上的筒灯或射灯在安装时需要保持水平或垂直。同时，灯孔最好在石膏板吊顶完工后再进行开孔，此时能依据石膏板上螺丝的位置，确定灯具开孔点，可以有效避免切割到吊顶龙骨，对吊顶结构造成破坏（如图7-1）。

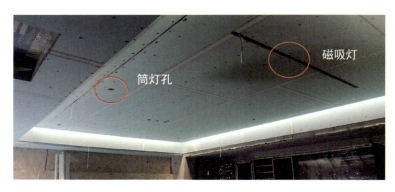

图 7-1　灯具开孔和预埋相关配件

（5）灯具的电源线应该按照相关规定进行连接，确保安全可靠。电源线应该与灯具的功率和电压相对应，避免出现电源线过载、短路等问题。

（6）凡是带有整流器的灯具，在进行安装时，需要将整流器连接在容易检修的位置，比如灯孔、空调回风口、柜内等地方。

7.1.2 开关插座面板安装

（1）检查开关插座的型号、规格是否符合设计要求。

（2）清除底盒内残存的灰块、杂物及灰尘。

（3）开关插座面板并列安装时，所有面板需要保持在同一水平线上，且面板间的间距均匀，并与墙面平齐（如图 7-2）。

（4）成排安装的开关插座面板高度应一致，高低差不大于 2 mm。同一室内空间安装的开关插座面板，高低差不大于 5 mm。

（5）检查开关和插座是否正常工作，检查开关控制效果是否符合设计要求。

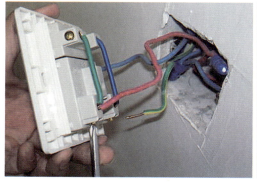

图 7-2　开关面板安装

7.1.3 卫浴设施安装

室内装饰工程项目中，卫浴设施主要包含洁具、龙头、五金挂件等，洁具有台盆、便槽、浴缸等；水龙头有淋浴水龙头、水槽水龙头；五金挂件有毛巾架等。

1. 洁具安装

（1）根据设计方案和客户需求，确定洁具的安装位置，确保位置正确且不影响其他设备和管道。台面的安装高度一般在 800 ～ 850 mm。

（2）根据洁具所需的水管和水压要求，安装相应规格的水阀和水管。在安装过程中，需要确保水管连接紧密、无渗漏。

（3）将洁具固定在安装位置上，使用膨胀螺栓、支架等固定件将洁具牢固地固定在墙上或地面上。

（4）在洁具与墙面的连接处，使用密封材料进行密封处理，确保水不会渗漏到其他区域。

（5）在洁具安装完成后，需要进行调试，确保洁具能正常使用。如发现有渗漏或异常情况，应及时处理。

2. 水龙头安装

（1）安装前先用毛巾将接口清理干净，去除水泥和灰尘等杂物。

（2）采用堵漏王或玻璃胶填充出水口与墙面之间的缝隙，以防漏水。

（3）使用扳手和螺丝刀将水龙头固定在安装位置上。根据水龙头的类型和设计，可能需要调整螺丝。确保水龙头稳固，不会摇晃。

（4）将水管连接到水龙头上，确保连接紧密且无泄漏。可以使用水管胶带或专门的管箍进行固定。

（5）安装完毕后，需要进行测试，确保水龙头能够正常工作。测试时，可以打开水龙头，观察水流是否顺畅，是否有泄漏现象。

3. 五金挂件安装

（1）确保所有必要的工具和材料都已经准备妥当，包括螺丝刀、钻头、冲击钻、膨胀管、螺丝钉、挂件等。

（2）根据需要，测量并标记安装位置。通常，挂件需要安装在墙上，因此需要确定挂件的位置和高度。使用铅笔或粉笔标记安装位置，注意避开墙面内部预埋的电线和水管，以免打破水电管线。

（3）使用冲击钻在标记的位置钻孔。确保钻头适合所安装的挂件类型，根据瓷砖墙面的厚度和材质选择适合的冲击钻头。通常使用金刚石钻头，因为它具有较高的耐磨性和冲击力。启动冲击钻并逐渐增加钻速和力度，应避免损坏瓷砖墙面。在钻孔过程中，要保持适当的距离和角度，以避免损坏周围的瓷砖。

（4）将膨胀管插入孔中，膨胀管会在钻孔过程中膨胀，帮助固定挂件。将挂件插入膨胀管中，使用螺丝刀将挂件固定在墙上。确保挂件牢固地固定在墙上，没有晃动或倾斜。

7.2　木地板材料及安装工艺

7.2.1 木地板材料

木地板是由硬木树种和软木树种经加工处理而制成的木板面层。装饰工程项目中常用的木地板可分为原木地板、多层实木地板、复合木地板等。

1. 原木地板

原木地板又叫实木地板，是一种常见的地板材料，由天然木材加工而成。其以天然的木材质地、润泽的质感、柔和的触感、自然温馨、冬暖夏凉、脚感舒适、高贵典雅而深受人们的喜欢。依据品种，原木地板可以分为平口实木地板、企口实木地板、拼花实木地板、竖木地板等，原木地板常见厚度在 5～15 mm（如图 7-3）。

平口实木地板   企口实木地板

拼花实木地板   竖木地板

图 7-3 原木地板

（1）平口实木地板。它一般是以纵剖面为耐磨面，生产工艺简单，可根据个人爱好和技艺，铺设成各种图案，但平口实木地板加工精度较高，整个板面观感尺寸较碎，图案显得零散，主要规格有 155 mm×22.5 mm×8 mm、250 mm×50 mm×10 mm、300 mm×60 mm×10 mm。平口实木地板用途广，除用作地板外，也可用作拼花板，以及用于墙裙装饰、天花板吊顶装饰等。

（2）企口实木地板。板面呈长方形，其中一侧为榫，另一侧有槽，背面有抗变形槽。铺设时榫和槽必须结合紧密，因而对生产技术的要求较高，木质也要好，不能轻易变形。该地板规格较多，小规格的有 200 mm×40 mm×（12 ～ 15）mm、250 mm×50 mm×（15 ～ 20）mm，大规格的长条企口地板可达（400 ～ 4 000）mm×（60 ～ 120）mm×（15 ～ 20）mm。

目前市场上多数企口实木地板是涂刷过油漆的成品地板，一般称漆板，漆板在工厂内加工，涂刷油漆，烘干，质量较高，现场涂刷油漆一般不容易达到较高的质量水平，漆板安装后不必再进行表面刨平、打磨、涂刷油漆等。

（3）拼花实木地板。由多块条状小木板以一定的艺术性和有规律的图案拼接成方形。它是利用木材的天然色差，拼接成美术性很强的各种地板图案。生产工艺比较讲究，精度要求高。拼花木地板的木块尺寸一般为长 250 ～ 300 mm，宽40 ～ 60 mm，板厚 20 ～ 25 mm。有平头接缝地板和企口拼接地板两种。适用于高级楼宇、宾馆、别墅、会议室、展览室、体育馆和住宅等的地面装饰。可根据装修等级的要求，选择合适档次的材料。

（4）竖木地板。以木材的横切面为板面。目前，竖木地板一般采用整张化工序，即在工厂先拼成 400 mm×400 mm、500 mm×500 mm、600 mm×600 mm的单元图案，其中的小单元有四、六、八边形，边长尺寸为 5 cm、7 cm、9 cm。竖木地板图案美观，立体感强，适用于宾馆、饭店、招待所、影剧院、体育场、住宅等场所。

2. 多层实木地板

多层实木地板通常由多层不同的木材薄片黏合而成，具有很高的强度和很强的稳定性（如图 7-4）。每一层实木薄板都经过了严格的干燥和平衡处理，以确保它们黏合在一起时不会变形或开裂。因此，多层实木地板也是一种稳定、易于维护、环保且具有自然美感的材料，安装也相对简单，可以直接铺设在水泥地面上，无须打龙骨。多层实木地板常见的宽度规格有 60 mm、75 mm、90 mm 等，长度规格则有 1.2 m、1.4 m、1.8 m 等，厚度规格有 12 mm、15 mm、18 mm 等。

图 7-4　多层实木地板

3. 复合木地板

复合木地板通常由多种材料组成，包括纸张、木纤维、轻质材料等。这些材料被压制成一层一层的结构，然后经过高温高压处理，使它们黏合在一起。根据制作方法和材料，复合木地板可以分为实木复合木地板、强化地板、竹地板等。复合木地板的厚度范围在 6 ～ 12 mm。

（1）实木复合木地板是由不同树种制成的薄片木材经黏合、压制而成（如图 7-5）。这种地板的表面通常为优质木材，而内部则由其他较便宜的木材组成。

实木复合木地板具有实木的外观，同时具有较高的耐磨性和稳定性。

实木复合木地板与传统的实木地板相比，由于结构的改变，其使用性能和抗变形能力有所提高。其优点是用少量的优质木材起到类似实木的装饰效果，木材的花纹典雅大方，脚感舒适；规格尺寸大，不易变形，不易翘曲，板面具有较好的尺寸稳定性；整体效果好，铺设工艺简易方便，具有阻燃、绝缘、防潮、耐腐蚀等性能。

图 7-5   实木复合木地板

然而，实木复合木地板也有一些缺点。由于它们是由不同木材组成的，所以可能会存在一些色差和纹理差异。此外，如果保养不当，它们可能会受霉菌的影响。

（2）强化地板也称为高密度纤维板（如图 7-6）。通常使用中密度纤维板或刨花板作为基材，再在其表面覆盖一层耐磨的三氧化二铝涂料。这种地板具有较强的耐磨性、抗冲击性和尺寸稳定性，但相对较硬。

图 7-6   强化地板

（3）竹地板。是一种由竹子制成的地面材料。它通常由竹片经黏、压制而成，表面覆盖一层薄木。竹地板具有天然的纹理和质感，同时也有较好的环保性能和舒适度（如图7-7）。

图7-7　竹地板

（4）其他配套材料。

①踢脚板。一种用于遮挡地板与墙壁交界处的材料，通常与地板颜色和风格相匹配。选择合适的踢脚板可以增强整体美观度，同时保护地板不受磨损。常用踢脚板的类型有PVC踢脚板、实木踢脚板、铝合金踢脚板。

PVC踢脚板是一种常用的建筑装饰材料（如图7-8），其主要成分是聚氯乙烯（PVC）。PVC踢脚板具有优良的耐化学腐蚀、耐老化、耐磨、耐冲击、防水、防霉、易清洁等特点。PVC踢脚板通常是由工厂加工而成，加工时可以选择各种颜色、图案和表面处理方式，以满足不同的装饰需求。它可以有效防止墙面与地面交接处的缝隙受潮、发霉和变形，同时也增添了墙面的美观度。与木质踢脚板相比，PVC踢脚板更加耐磨、抗腐蚀、不易变形和开裂，使用寿命也更长。此外，PVC踢脚板的价格相对便宜。

图7-8　PVC踢脚板

实木踢脚板通常由单一的实木材料制成，根据不同的环境和审美需求，可以选择不同的木材和纹理（如图 7-9）。常见的实木踢脚板材料包括橡木、松木、胡桃木等，其中橡木具有较高的硬度和稳定性，适合用于长期使用的环境，而松木则更适合用于较小的空间或作为装饰性踢脚板来用。

图 7-9   实木踢脚板

实木踢脚板的使用寿命一般较长，只要注意正确的保养和维护（例如，定期清洁，保持干燥，避免阳光直射，避免硬物划伤等），就可以保持其原有的外观和功能。

最后，实木踢脚板的价格因材料、质量、尺寸和工艺等因素而异。在选择实木踢脚板时，需要根据自己的预算和需求进行选择，以确保选择的踢脚板符合自己的审美和使用需求。

铝合金踢脚板（如图 7-10）的制造过程主要包括材料选择、材料加工、表面处理等步骤。其中，材料选择是关键，需要选择质量优良的铝合金材料；材料加工通常采用机械加工的方法，如冲压、切割等；表面处理则包括氧化处理、涂装等，以提高踢脚板的表面光泽度和耐腐蚀性。铝合金踢脚板具有轻质、美观、易于安装等特点。

图 7-10   铝合金踢脚板

②压口条。又名扣条，用于地板或门之间的间缝，由于木地板由块与块组成，在某些情况下，为了美观起见，所以会在上面铺一根木条。这根木条不仅连接两个区域，也能起到遮挡的作用，增强木地板的美观和耐用性。压口条按材质可分为塑料压口条、金属压口条、木料压口条等，也可以根据需要定制，以适应不同的木地板风格（如图7-11）。

图7-11　木地板压口条

7.2.2 木地板安装工艺

1. 原木地板安装工艺

原木地板安装工艺如下（如图7-12）。

（1）准备工作。在安装前，需要仔细检查地板的质量和尺寸，确保它们符合安装要求。同时，需要准备好安装工具和材料，如地板钉、地板胶、锯子等。

（2）地面处理。安装地板前，需要将地面清理干净，确保地面平整、无凸起物。可以使用水平仪测量地面的平整度。

（3）测量和切割地板。根据安装需要，将地板切割成合适的大小。需要注意的是，切割时要小心，避免损坏地板的边缘。

（4）安装龙骨。如果地面不够平整，需要安装龙骨来支撑地板。龙骨的材质和安装方式可以根据具体情况来选择。

（5）铺设防潮膜。在龙骨上铺设一层防潮膜，以防水分渗透到地板下面。防潮膜搭口处的重叠尺寸不小于100 mm。

（6）铺设地板。将地板按照设计好的图案铺设在龙骨上，使用地板钉将地板固定在龙骨上。在铺设过程中，需要保持地板平整，相邻两块木地板高差不超过1 mm，木地板与墙之间预留8 mm伸缩缝。需要注意的是，安装前应进行挑选，剔除有明显质量缺陷的不合格品。将颜色花纹一致的铺在同一房间，有轻微质量缺陷但不影响使用的，可摆放在床、柜等家具底部，同一房间的板厚必须一致。

（7）调整和加固。在地板铺设完成后，需要检查地板是否平整，如果有问题需要进行调整，必要时可以使用地板胶等进行加固。

图 7-12　原木地板铺设

2. 多层实木地板安装工艺

多层实木地板安装工艺如下（如图 7-13）。

（1）清理地面。检查地面平整度，确保无凸起物，确保地面干燥、无尘，检查门槛石预留高度是否足够，门槛石的高度不能低于木地板安装厚度。

（2）铺设防潮膜。在地面铺设一层防潮膜，以防木地板受潮。防潮膜搭口处的重叠尺寸不小于 100 mm。

（3）铺设木地板。将多层实木地板按照划好的位置铺设在地面上，确保地板之间的缝隙均匀，没有翘起和鼓起的现象。木地板与墙之间预留 8 mm 伸缩缝。

（4）安装踢脚板。根据设计要求，安装与地板匹配的踢脚板。可以使用钉子或黏合剂固定，踢脚板需要完全盖住木地板与墙之间的伸缩缝。

（5）安装卡条。依据设计要求，在门槛石处安装铝合金卡条。在柜子处可以采用内角线进行收口处理，但不宜采用"7"形铝合金卡条来收口。

图 7-13　多层实木地板铺设

3. 复合木地板安装工艺

复合木地板与多层实木地板安装工艺基本相同。

（1）清理地面。检查地面平整度，确保无凸起物，确保地面干燥、无尘，检查门槛石预留高度是否足够，门槛石的高度不能低于木地板安装厚度。

（2）铺设防潮膜。在地面铺设一层防潮膜，以防木地板受潮。防潮膜搭口处的重叠尺寸不小于 100 mm。

（3）铺设木地板。将复合地板按照划好的位置铺设在地面上，确保地板之间的缝隙均匀，没有翘起和鼓起的现象。地板与墙之间预留 8 mm 伸缩缝。

（4）安装踢脚板。根据设计要求，安装与地板匹配的踢脚板。可以使用钉子或黏合剂固定，踢脚板需要完全盖住木地板与墙之间的伸缩缝。

（5）安装卡条。依据设计要求，在门槛石处安装铝合金卡条。在柜子处可以采用内角线进行收口处理，但不宜采用"7"形铝合金卡条来收口。

7.2.3 木地板安装质量验收

木地板安装质量验收是一个重要的环节，它涉及地板的平整度、接缝的均匀度、固定件的牢固程度等多个方面。其相关验收标准如下。

（1）检查地板表面是否平整，没有明显的凹凸不平或翘起。可以使用水平尺或卷尺进行测量。

（2）检查地板之间的缝隙是否均匀，没有过大或过小的缝隙。

（3）检查地板是否牢固地固定在龙骨上，没有松动或晃动的情况。可以使用手摇或脚踏等方式测试。

（4）如果使用了龙骨，龙骨的安装应牢固稳定，并与地板紧密贴合。龙骨之间的间距应保持一致，不应出现过大或过小的现象。

（5）检查踢脚板是否与地板紧密贴合，没有缝隙或翘起。

（6）检查地板表面是否有划痕、破损、色差等问题，这些问题会影响木地板的美观和使用效果。

（7）检查拼接缝的宽度是否均匀，没有过大或过小的缝隙。

7.3 铝合金门窗材料及安装工艺

7.3.1 铝合金门窗材料

1. 铝合金材料

铝合金是一种以铝为主要成分的金属材料，通常与其他金属元素（如镁、锌、铜等）组成合金。其具有轻质、高强度、良好的可塑性和导电性等特点。在装饰工程中主要用于门窗工程中，如铝合金窗、铝合金门等。

目前市面上的铝材主要有原生铝和再生铝。原生铝是从铝矿中提取出来的纯铝，其特点在于具有较高的强度和耐腐蚀性。再生铝是一种通过回收和再利用废旧铝材而制成的铝材。与原生铝相比，再生铝在质量、强度和耐腐蚀性等方面的性能可能略有下降，但仍然可以满足许多常见的建筑和工业应用需求。

装饰工程项目中的铝合金窗宽度规格常见的有 50 mm、60 mm、70 mm、80 mm、90 mm、105 mm、125 mm、155 mm 等。铝材厚度一般为 1.2 mm、1.4 mm、1.6 mm、1.8 mm 等。其中 1.2 mm 是较为常见的一种厚度规格，适用于一般的家庭和办公场所。铝合金窗常配套采用具有隔音、隔热、保温等功能的"5+9A+5"或"5+12A+5"双层中空玻璃。

2. 配套玻璃材料

玻璃是非晶无机非金属材料，一般是以多种无机矿物（如石英砂、硼砂、硼酸、重晶石、碳酸钡、石灰石、长石、纯碱等）为主要原料，另外加入少量辅助原料而制成。它的主要成分为二氧化硅和其他氧化物。在装饰工程中，玻璃有多种分类方式，根据玻璃特性主要分为普通平板玻璃和特种玻璃。

（1）普通平板玻璃（如图 7-14）。这是最常见的玻璃类型，主要用于门窗、隔断、背景墙等。它的主要特点是厚度均匀、平整度高、无气泡、无杂质，具有良好的透明度和视觉效果。最大的缺陷就是在受到外力冲击时容易破裂，并形成锋利尖角和边沿。普通玻璃的厚度通常在 2 ～ 5 mm。

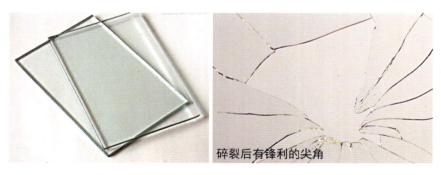

碎裂后有锋利的尖角

图 7-14　普通平板玻璃

（2）特种玻璃。特种玻璃的制作过程是使用特定的工艺处理普通玻璃，使普面玻璃呈现出高强度、高耐热性、高耐腐蚀性和高耐磨性的特点。在装饰工程中常见的特种玻璃有钢化玻璃、中空玻璃、防弹玻璃、磨砂玻璃、艺术玻璃等。

①钢化玻璃（如图 7-15）。钢化玻璃的制造过程是将普通玻璃加热到一定温度，使其软化，然后通过快速冷却或均匀冷却来形成玻璃晶体而使其钢化。这个过程使玻璃晶体之间形成了一层坚硬的晶体膜，从而增强了玻璃的强度，一般玻璃厚度达到 5 mm 及以上，才适合进行钢化。钢化玻璃的厚度常见的有 5 mm、8 mm、10 mm、12 mm、15 mm 等，具有较高的强度和安全性，适用于需要承受较大压力和冲击的场所，如幕墙、高楼大堂门面等。

图 7-15　钢化玻璃

②中空玻璃。中空玻璃通常由两片或多片玻璃组成，这些玻璃之间存在一个小的空间，这个空间通常被填充了空气或稀有气体（如图 7-16）。这种设计使得中空玻璃具有很好的隔热、隔音、保温等优点，适用于需要降低噪声的场所，如办公室、酒店、医院等。常见的规格有"5+9A+5"中空玻璃、"5+12A+5"中空玻璃、"6+9A+6"中空玻璃、"8+12A+8"中空玻璃，例如，"5+9A+5"中空

玻璃代表两片玻璃厚度为 5 mm，两片玻璃之间的距离为 9 mm。玻璃间距越大，其隔音、隔热效果越好。

图 7-16 中空玻璃

③防弹玻璃。是由两层或多层普通玻璃，中间夹一层或数层特种材料构成。当受到外力冲击时，特种材料能够吸收和分散冲击力，从而减少玻璃破裂的可能性。它具有防弹、防爆、防冲击的能力，被广泛应用于安全设施和建筑中。

④磨砂玻璃（如图 7-17）。通过在玻璃表面进行研磨和抛光，使其表面呈现出微小的凹凸不平，从而形成磨砂效果。这种玻璃具有透光不透视的特点，适用于需要保护隐私但又需要保持通透的场所，如浴室、卧室等。

图 7-17 磨砂玻璃

⑤艺术玻璃。是一种独特的玻璃制品，它通过各种工艺和技术，将艺术元素融入玻璃中，使其具有独特的视觉效果和艺术价值。这种玻璃具有独特的造型和图案，适用于家居装饰、商业空间装饰、展览展示等需要突出设计感和艺术感的场所。

常见的艺术玻璃有夹丝玻璃、裂纹玻璃、印花玻璃、雕花玻璃、玻璃砖、彩绘玻璃等（如图7-18）。

夹丝玻璃　　　　　　　　　　裂纹玻璃

印花玻璃　　　　　　　　　　玻璃砖

图 7-18　艺术玻璃

7.3.2 铝合金门窗安装工艺

尽管铝合金门窗的尺寸及样式有所不同，但它们的安装方法基本相同。

1. 铝合金门窗安装流程

（1）在安装铝合金门窗之前，需要仔细检查门窗的尺寸是否正确，配件是否齐全。确保所有的门窗框架和配件都符合规格和质量标准。

（2）将铝合金门窗框架安装在预定的位置上。确保框架垂直、水平并且牢固地固定在墙上。铝合金边框与墙壁间的缝隙可以使用水泥、混凝土或发泡剂填充。

（3）安装门窗玻璃时，确保玻璃符合安全和质量要求，然后将其正确地安装在门窗框架中，并采用专用密封胶进行密封处理。

（4）安装铰链、滑轮、锁等五金配件，确保这些配件的质量和规格符合门窗的要求，并且正确地安装。

（5）在安装完铝合金门窗后，需要进行一些调整和测试。确保门窗能够正常开关，没有任何摩擦或卡住的情况，以及无渗漏、变形等问题。同时，也要检查门窗的密封性和安全性。

2.铝合金门窗安装工程施工质量验收

（1）主控项目（如表7-1）

表7-1 主控项目表

项次	项目内容	质量要求	检查方法
1	门窗质量	铝合金门窗的品种、类型、规格、尺寸、性能、开启方向、安装位置、连接方式及铝合金门窗的型材、壁厚应符合设计要求。金属门窗的防腐处理及填嵌、密封处理应符合设计要求。金属门窗框和副框的安装必须牢固	观察；尺量检查；检查产品合格证书、性能检测报告、进场验收记录和复验报告；检查隐蔽工程验收记录
2	框与副框安装，预埋件	预埋件的数量、位置、埋设方式、与框的连接方式必须符合设计要求	手扳检查；检查隐蔽工程验收记录
3	门窗扇安装	铝合金门窗扇必须安装牢固，并应开关灵活、关闭严密，无倒翘。推拉门窗扇必须有防脱落措施	观察；开启和关闭检查；手扳检查
4	配件质量及安装	铝合金门窗配件的型号、规格、数量应符合设计要求。安装应牢固，位置应正确，功能应满足使用要求	观察；开启和关闭检查；手扳检查

（2）一般项目（如表7-2）

表7-2 一般项目表

项次	项目内容	质量要求	检查方法
1	门窗表面质量	铝合金门窗表面应洁净、平整、光滑，色泽一致，无锈蚀。大面应无划痕、碰伤。漆蜡或保护层应连续	观察
2	铝合金门窗推拉门窗扇开关应力	铝合金门窗推拉门窗扇开关力应不大于100 N	用弹簧秤检查
3	框与墙体间缝隙	铝合金门窗框与墙体之间的缝隙应填嵌饱满，并采用密封胶密封。密封胶表面应光滑、顺直，无裂纹	观察；轻敲门窗框检查；检查隐蔽工程验收记录
4	密封胶条或毛毡密封条	铝合金门窗扇上的橡胶密封条或毛毡密封条应安装完好，不得脱槽	观察；开启和关闭检查
5	排水孔	有排水孔的铝合金门窗，排水孔应畅通，位置和数量应符合设计要求	观察

（3）注意事项

①铝合金窗框架安装完成后，先在框架外侧下端与窗台的接口处做排水坡，再使用专用封闭胶进行封闭，以防雨水在接口处积水而发生渗漏（如图7-19）。

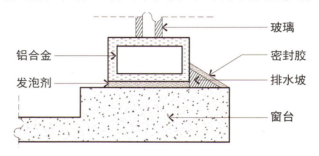

图 7-19 铝合金窗外侧下端处理示意图

②安装窗框时不能与外墙的最边缘平齐，一般都需要沿外边线退后 20 mm，以防下雨时雨水顺着玻璃向下流。

③门窗玻璃必须使用"3C"认证的（如图7-20）。

图 7-20 3C 认证标志

④铝合金窗与铝合金门的安装时间不同，一般在整个装修过程的早期安装铝合金窗，大多数都在刚开始施工时就进行安装，因此需要考虑内开窗与窗帘盒、家具之间的关系，避免后期造成相互阻挡的问题。

⑤铝合金窗下单前，应先确定设计方案，熟知楼盘物业的规范和要求。

⑥在高层安装铝合金窗的过程中，必须做好安全防护，防止发生坠落伤人事故。现在很多窗户都安装超大落地玻璃，在对铝合金框架和玻璃进行吊装过程时，需要在一楼拉安全警戒线，防止路人从下方经过而发生意外事故（如图

7-21）。

图 7-21　高空吊装玻璃

7.3.3 玻璃门扇的安装

全玻璃活动门扇不设门框边，门扇主要靠地弹簧来开合。其安装步骤如下。

（1）安装前，先安装并固定地面上的地弹簧和门扇顶面横梁上的定位销，二者必须在同一条垂直线上。安装时要检查吊线，确认准确无误。

（2）在玻璃门扇的上下金属横档内画线，按线固定转动销的销孔板和地弹簧的转动轴连接板。其具体安装方法应根据不同产品的说明书进行。

（3）确定玻璃门扇的高度。在裁割玻璃板时，应注意将上下横档的尺寸一并算入。通常玻璃的高度要小于测量尺寸 5 mm 左右，以便安装时进行定位调节。

（4）分别将上下横档装在玻璃门扇的上下两端，并测量门扇高度。如果门扇高度不足，即说明其上下边距门横框及地面的缝隙超过规定值，可在上下横档内加垫木条进行调节。

（5）待门扇高度调节合适后便可固定上下横档，在玻璃板与金属横档内的两侧空隙处，从两边同时插入小木条，轻敲稳定后，在小木条与玻璃门扇及横档之间的缝隙处注入玻璃胶。

（6）进行门扇定位安装。先将门框横梁上的定位销本身的调节螺钉调出超横梁平面 1 ～ 2 mm，再将玻璃门扇竖起来，将门扇下横档内的转动销连接件的孔位对准地弹簧的转动销轴，并转动门扇将孔位套在销轴上。然后把门扇转动 90°，使之与门框横梁成直角，把门扇上横档中的转动连接件的孔对准门框横梁上的定位销，将定位销插入孔内 15 mm 左右。

（7）在安装玻璃门的门拉手前，应事先根据拉手的类型在玻璃上钻好安装孔。拉手的连接部分插入洞孔时不能太紧，要略有余量。安装前，应在插入安装孔的拉手的连接件上涂些玻璃胶，如安装孔过松也可在拉手的连接件上缠上软质胶带。在安装拉手时，其根部与玻璃靠紧后再旋紧固定螺钉。

7.3.4 铝扣板安装工程

1. 铝扣板材料

铝扣板是一种轻质、美观、耐用的装饰材料（如图 7-22）。它是由高纯度的铝和少量的其他合金制成，具有很好的防火性能。铝扣板按形状可分为条形铝扣板、矩形铝扣板及冲压异形铝扣板；按功能可分为普通有肋或无肋平板、有吸声保温功能的穿孔蜂窝板。特殊规格、造型饰面板安装前要根据设计尺寸及造型在加工厂里加工好。常见的铝扣板规格有 300 mm×300 mm、300 mm×600 mm、600 mm×600 mm、1 200 mm×350 mm 等。除了尺寸之外，铝扣板根据表面光度可以分为亮光面板和哑光面板。不同的铝扣板适用于不同的场所和装修风格。此外，铝扣板的厚度也是影响其性能和质量的重要因素之一。一般来说，厚度越厚的铝扣板越耐用、抗冲击性更强。常见的铝扣板厚度有 1.2 mm、1.5 mm、2.0 mm 等。

图 7-22　铝扣板

2. 铝扣板安装施工

铝扣板的安装方法一般是用镀锌型钢或铝型材做龙骨架，用螺钉或铆钉将面板固定于龙骨之上，或根据饰面板本身的形状特点，通过后板扣压前板再加螺钉固定在龙骨上。铝合金饰面板的安装方法因板型而异，但其龙骨的安装方法大致相同。施工工艺顺序可归纳为：弹线 → 钻孔 → 安装龙骨架 → 安装铝合金饰面板 → 收边（如图 7-23）。

图 7-23　铝扣板吊顶施工

（1）弹线。在基层墙面弹线，弹线前墙面的垂直度、平整度、强度必须达到施工要求，再根据设计图纸，准确弹出龙骨的安装位置。

（2）钻孔。在基层墙面钻孔，钻孔深度、连接件强度必须达到设计要求，然后再安装龙骨连接件，连接件膨胀螺栓必须做防锈防腐处理。

（3）安装龙骨架。安装竖向、横向龙骨。对于楼层高、面积大的墙面，安装竖向龙骨时，除了通拉垂直线外，还应该用仪器进行垂直度和平整度的复查。安装龙骨时，需要在顶面留出灯具、暖风机等电器设备的位置。

（4）安装铝合金饰面板。不同形状的铝合金板材，其安装方法不同，有扣压式、钉固定式及扣压式钉固定式相结合等多种施工方法。一般不同型材的铝合金饰面板，都有专用的龙骨和固定件。

（5）收边。铝合金饰面板安装完毕后要采用瓷白玻璃胶对边龙骨与墙面之间的缝隙、铝扣板与边龙骨之间的缝隙进行收边处理。

【本章课后思考】

　　（1）石膏板吊顶上的灯孔是在石膏板安装后立即进行开孔，还是在顶面腻子批完后再进行开孔？并简述原因。

　　（2）如何区分多层实木木地板与强化复合木地板？它们在安装的过程中需要注意哪些问题？

参考文献

[1] 吕从娜，惠博．装饰材料与施工工艺 [M].北京：清华大学出版社，2020.

[2] 赵丽华，薛文峰．建筑装饰材料与施工工艺 [M].北京：机械工业出版社，2021.

[3] 崔云飞，朱永杰，刘宇．装饰材料与施工工艺 [M].武汉：华中科技大学出版社，2017.

[4] 刘延国，丁宇．室内装饰材料与施工工艺 [M].长沙：中南大学出版社，2017.

[5] 葛春雷．室内装饰材料与施工工艺 [M].北京：中国电力出版社，2019.

[6] 杨逍，谢代欣．建筑装饰材料与施工工艺 [M].北京：中国建材工业出版社，2020.

[7] 吴静，陈术渊，周峰．建筑装饰材料与施工工艺 [M].江苏：江苏大学出版社，2019.

[8] 陈良．室内装饰材料与施工工艺 [M].长沙：湖南大学出版社，2018.

[9] 张太清，霍瑞琴．抹灰、吊顶、涂饰等装饰装修工程施工工艺 [M].北京：中国建筑工业出版社，2019.

[10] 张太清．砌体工程细部节点做法与施工工艺图解 [M].北京：中国建筑工业出版社，2018.

[11] 曹春雷．室内装饰材料与施工工艺 [M].北京：北京理工大学出版社，2019.

[12] 张颖，赵飞乐．室内装饰材料与施工工艺 [M].南京：南京大学出版社，2019.

[13] 陈娟．建筑装饰材料构造与施工 [M].武汉：武汉大学出版社，2015.

[14] 欧潮海，易俊，王欢．建筑室内装饰材料与施工工艺 [M].武汉：武汉出版社，2016.

[15] 张秋梅，王超．装饰材料与施工 [M].长沙：湖南大学出版社，2011.